親子で一緒につくろう!

micro:bit
ゲームプログラミング

橋山 牧人、澤田 千代子 著
TENTO 監修

JN132812

本書内容に関するお問い合わせについて

本書に関するご質問、正誤表については、下記のWebサイトをご参照ください。

正誤表　　　https://www.shoeisha.co.jp/book/errata/
刊行物Q&A　https://www.shoeisha.co.jp/book/qa/

インターネットをご利用でない場合は、FAXまたは郵便にて、
下記"翔泳社 愛読者サービスセンター"までお問い合わせください。

〒160-0006　東京都新宿区舟町5
（株）翔泳社 愛読者サービスセンター
FAX：03-5362-3818

電話でのご質問は、お受けしておりません。

※本書に記載されたURL等は予告なく変更される場合があります。
※本書の出版にあたっては正確な記述につとめましたが、著者や出版社などのいずれも、本書の内容に対してなんらかの保証をするものではなく、内容やサンプルに基づくいかなる運用結果に関してもいっさいの責任を負いません。
※本書に掲載されているサンプルプログラム、および実行結果を記した画面イメージなどは、特定の設定に基づいた環境にて再現される一例です。
※本書はmicro:bit公式製品ではありません。本書の内容は、著者が調べて執筆したものです。
※本書に記載されている会社名、製品名はそれぞれ各社の商標および登録商標です。
※本書の内容は、2018年12月執筆時点のものです。

はじめに

とにかくゲームが大好き！
自分でゲームを作りたい！
ゲームプログラマーになりたい！
……プログラミングスクールには、日々そんな子どもたちがたくさんやってきます。

　この本は、そんなゲーム好きの子どもたちが、楽しくモノを作りながら自然にプログラミングやコンピューターのさまざまな知識を身につけられるようにとの思いから生まれました。
　難しく感じる部分も時々あるかもしれませんが、最後までがんばると、自分だけのオリジナルゲーム機を作ることもできます。

　本書で使うのは、任天堂のDSでもソニーのPSPでもなく、イギリス生まれの小さなコンピューター「micro:bit」です。
　micro:bitは、さまざまな部品をつなげて電子工作に使われることが多いのですが、この本はとりあえずmicro:bitが1つあれば楽しめるようになっています。micro:bitを買ったけれど「何を作ればいいか分からない」「使わずにそのままになっている」といった人でも、手軽に楽しむことができるでしょう。

　この本が、ゲームプログラマーになりたい子どもたちの最初の一歩となり、その世界がそれぞれに広がっていくきっかけとなればうれしいです。

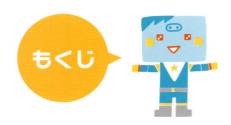

はじめに ・・・・・・・・・・・・・・・・・・・・・・ 3
本書の使い方 ・・・・・・・・・・・・・・・・・・ 6

準備編

1 micro:bitの基本を学ぼう ・・・・・・・・ 7
- micro:bitとは？ ・・・・・・・・・・・・・・・ 8
- micro:bitを動かす準備 ・・・・・・・・・・ 10
- micro:bitを動かしてみよう！ ・・・・・・ 12

2 micro:bitゲームライブラリを使おう ・・・ 23
- ライブラリってなんだ？ ・・・・・・・・・・ 24
- スプライトを使おう ・・・・・・・・・・・・ 25

本編

3	ミニアクションゲームを作ろう	31
4	キャッチゲームを作ろう	43
5	逃走ゲームを作ろう	61
6	リズムゲームを作ろう	77
7	シューティングゲームを作ろう	91

応用編

| 8 | 無線を使ってあそぼう | 107 |
| 9 | ゲーム機を作ろう | 119 |

ふろく ・・・・・・・・・・・・・ 133
おわりに ・・・・・・・・・・・・ 134
著者プロフィール ・・・・・・・ 135

章末コラム

1 スマホで使うMakeCode ・・・・・・・ 22
2 Scratchで操作しよう ・・・・・・・・ 30
3 数式とプログラム ・・・・・・・・・・ 42
4 デバッグとは？ ・・・・・・・・・・・ 60
5 MakeCodeと最大の数 ・・・・・・・・ 75
6 デジタルとアナログ ・・・・・・・・ 90
7 関数でまとめよう ・・・・・・・・・ 106
8 コメントをつけよう ・・・・・・・・ 118
9 ブロックエディターの裏側 ・・・・・ 132

本書の使い方

1章　2章　準備編	micro:bitの基本操作など、本書の内容を楽しむための基礎知識を紹介しています。
3章〜7章　本編	本書のメインパートです。各章で1つずつゲームの作り方を紹介しています。難易度順にならんでいるので、順番通りに作るとプログラミングの基礎知識が身につきますが、できる人は、やりたいゲームからチャレンジしてみるのもいいでしょう。
8章　9章　応用編	本編で作ったゲームをベースにした応用編です。本編をやってから進めるといいでしょう。

　本編の各章では、まず「基本のプログラム」を示し、「ゲームを作ろう」でその作り方を紹介します。もっと複雑なゲームに挑戦したい人は、その後の「ゲームを改良しよう」でさらに発展させたプログラムを作ります。「ゲームを改良しよう」の完成プログラムを含めたすべてのサンプルプログラムは、翔泳社の書籍ページからダウンロードできます。また、特典ページを用意していますので、ご覧ください。

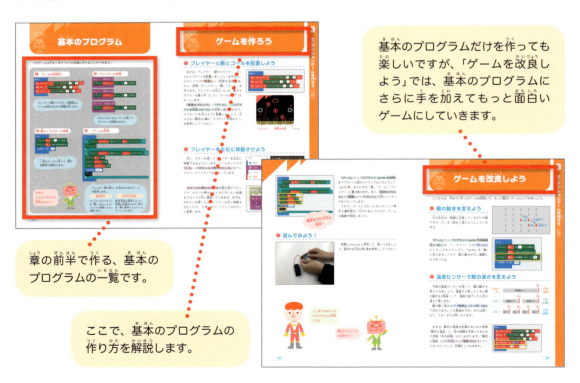

サンプルプログラムと特典はこちらから　https://www.shoeisha.co.jp/book/detail/9784798158433

micro:bitの基本を学ぼう

プログラミングが初めての人でも、コンピューターのことなんて全然分からなくても、かんたんに遊べて、手軽にアイデアを試せるのがmicro:bitのいいところです。とはいっても、予備知識なしで始めるのも不安ですね。まずは、micro:bitの基本的な機能や使い方について説明しましょう。

micro:bit とは？

BBC micro:bitは、BBC（イギリスの国営放送局）が開発した、プログラミング可能な小さなコンピューターです。学習や教育が楽しくかんたんにできるようにデザインされています。縦4cm・幅5cmの小さなボードに、25個のLED、2個のボタン、各種センサー、無線通信機能などが搭載されています。日本では、販売代理店であるスイッチエデュケーション※にて2,160円（税込）で販売されています。

※ https://switch-education.com/

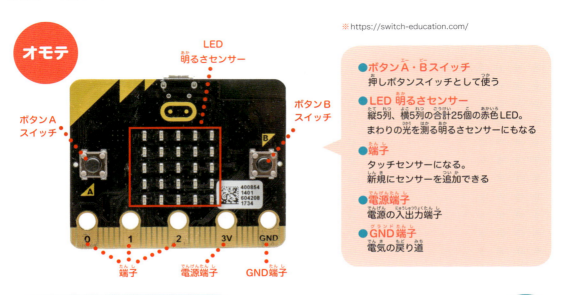

オモテ

- ●ボタンA・Bスイッチ
  押しボタンスイッチとして使う
- ●LED 明るさセンサー
  縦5列、横5列の合計25個の赤色LED。まわりの光を測る明るさセンサーにもなる
- ●端子
  タッチセンサーになる。新規にセンサーを追加できる
- ●電源端子
  電源の入出力端子
- ●GND端子
  電気の戻り道

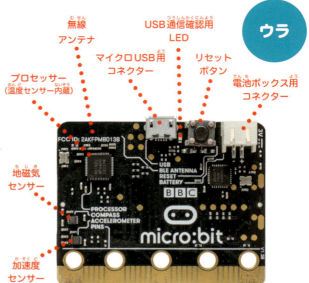

ウラ

- ●加速度センサー
  micro:bitの傾きやゆれを検知するセンサー
- ●地磁気センサー
  地球の磁場の方向を計測するセンサー
- ●プロセッサー（温度センサー内蔵）
  ここにプログラムが書き込まれ、実行される。micro:bitの心臓部
- ●無線アンテナ
  BLE通信用アンテナ
- ●マイクロUSB用コネクター
  マイクロUSBケーブルをつないで、電池ボックスやパソコンとつなぐ
- ●リセットボタン
  実行中のプログラムをリセットする
- ●電池ボックス用コネクター
  電池ボックスをつなぐ
- ●USB通信確認用LED
  パソコンからプログラムを書き込んでいるときに点滅する

1 micro:bit の基本を学ぼう

　この本で作成するゲームでは、micro:bitについている様々なセンサーや機能を活用します。各章で登場するものとその特徴は以下の通りです。

作成するゲーム	ボタン	加速度センサー	端子(音)	タッチセンサー	温度センサー	光センサー	無線
ミニアクションゲーム(3章)	○				○		
キャッチゲーム(4章)	○	○					
逃走ゲーム(5章)		○					
リズムゲーム(6章)	○		○			○	
シューティングゲーム(7章)	○		○	○			
無線を使ってあそぼう(8章)							○

各章で登場するセンサー・機能。

主なセンサー・機能	説明
ボタン	A、B、A+B（同時押し）の3パターンの入力ができます。
加速度センサー	物体の傾きや振動、衝撃の度合いなどを測ることができます。
端子（音）	ワニ口クリップとスピーカーを接続することで音を鳴らすことができます。スピーカーつきのモジュール等も販売されています。
タッチセンサー	スピーカーとの接続にも使う端子ですが、人間の体を流れる電気を利用してタッチセンサーとしても使うことができます。
温度センサー	ICチップの中に温度センサーが内蔵されています。実際の気温とは異なりますが、温度の上下の変化を測ることができます。
光センサー	25個のLEDは光センサーの役割も果たします。LEDは太陽電池と似た構造をしており、光が当たると電気が生じるため光センサーとして利用できます。
無線	micro:bitにはBLE（Bluetooth Low Energy）という規格の無線が搭載されています。環境によって変わりますが約5mの距離まで電波が届きます。通信できる距離は短いですがその代わり省エネルギーです。

各章で登場する主なセンサー・機能の特徴。

いろんな作例にチャレンジしてみよう！

すごいゲームを作りたくなってきた！

micro:bit を動かす準備

この本で遊ぶために必要なものを紹介します。

① インターネットに接続しているパソコン

micro:bitで動くゲームのプログラミングを行います。実際のプログラミングは、米マイクロソフト社が開発した「MakeCode」というツールを使って行います。Webブラウザ上で動くので、特別なソフトのインストール等は不要です。推奨環境は以下の通りです。

- OS：Windows 7 / Mac 10.9 以上
- ブラウザ：Microsoft Edge / Google Chrome / Mozilla Firefox / Safari

※詳細は、https://makecode.microbit.org/browsers を確認
※本書ではWindows10、Google Chromeを使って動作確認しています。

② micro:bit 本体

作ったゲームプログラムを動かしたり、遊んだりするために使います。また、第8章では、micro:bitを2つ使って無線通信によるゲームを作ります。

スイッチエデュケーション等各ショップにて2,160円（税込）で販売されています。

③ マイクロUSBケーブル

パソコンでプログラミングしたゲームをmicro:bitに保存するために利用します。また、micro:bit本体は電池を内蔵していないため、電源を供給する目的にも使われます。

本書ではUSBケーブルと呼びます。

④ 電池ボックス（任意）

前述した通り、micro:bitは電源を外部から供給する必要があるので、USBケーブルを常にパソコンに接続していないと動きません。携帯するのに不便と感じる場合は、電池ボックスの利用をお勧めします。

スイッチエデュケーション等各種ショップにて販売されています。

⑤ ワニ口クリップとスピーカー（任意）

micro:bitでは効果音やBGMを鳴らすことができますが、micro:bitにはスピーカーは内蔵されていません。そのため、何らかの形でスピーカーとつなげる必要があります。右はワニ口クリップでmicro:bitの端子とスピーカーを接続した例です。

音を鳴らすための方法はこのほかにもいくつかあり、本書では⑥を使用しています。ワニ口クリップを使わずにかんたんに取り付けられるスピーカー※も販売されています。

ワニ口クリップは電子部品店で、スピーカーは100円ショップ等でも販売されています。ワニ口クリップとスピーカーのセットがスイッチエデュケーションにて702円（税込）で販売されています。

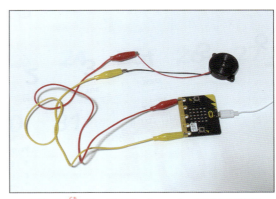

このようにワニ口クリップとスピーカー、micro:bitをつなげます。

※ https://tfabworks.com/product/

⑥ バングルモジュールでmicro:bitをはじめようキット（任意）

「バングルモジュールでmicro:bitをはじめようキット」なら、これまで紹介したパーツ（micro:bit本体、マイクロUSBケーブル、電池、スピーカー）が1つのセットになっていて便利です。

本書の6章〜8章では音を出すためにスピーカーが必要なため、このキットを使用している前提で解説していますが、もちろん⑤で紹介したものをはじめ、どんなスピーカーでもかまいません。皆さんが入手しやすいものを使ってください。

スイッチエデュケーションにて4,320円（税込）で販売されています。

micro:bit を動かしてみよう！

● MakeCodeの使い方

　ここでは、micro:bitを動かすためのプログラミングの基本を説明します。micro:bitのプログラミングは「MakeCode」というツールを使って行うので、まずはブラウザを立ち上げて、下記のWebサイトにアクセスしてください。

 https://makecode.microbit.org/

　以下のような画面が表示されるので、「新しいプロジェクト」をクリックします。

※もし英語で表示される場合は、画面下部の「言語を変える」から「日本語」を選びましょう。

※MakeCodeは2018年10月26日に新しいバージョンになりました。古いバージョンを使いたい場合は、https://makecode.microbit.org/v0 からアクセスできます。

- プロジェクトの選択：パソコンに保存したプログラムを開く
- ツールボックス：プログラムの命令となるブロックがたくさん用意されている
- ワークスペース：ブロックをならべてプログラムを作る
- シミュレータ：パソコンでmicro:bitの動きを試すことができる
- プログラムのダウンロード：プログラムをパソコンに保存する
- プログラムの名前を入れて、パソコンに保存（ダウンロード）する
- 表示を大きくしたり小さくしたりする
- プログラムを間違えたときに前の状態に戻したり、戻した操作を取り消す

● ブロックの色と形

ツールボックスの中にあるブロックはテーマごとに色分けされています。それらを大きく分けると以下の通りです。

基本：どんなプログラムでも必ず使うような基本的なブロック群
入力：ボタンや各種センサーからの信号を受け取るためのブロック群
音楽 LED：プログラムの結果を音や画像で表現するためのブロック群
無線：無線を使った信号の送受信を行うためのブロック群
ループ 論理 変数 計算：プログラミングで色々な処理を作るためのブロック群
高度なブロック：複雑なプログラムを作ったり、外部機器の制御を細かく調整するためのブロック群

次にブロックの形をよく見てみましょう。細かい違いはありますが、ブロックは大きく分けて4種類の形があります。

タイプ	説明	ブロックの例
囲み型	プログラムの開始点となるブロック。他のブロックを中に含めることはできますが、他のブロックと連結することはできません。「連結型」や「囲み連結型」の中に入れることで具体的なプログラムを組み立てていきます。	ずっと　　ボタン A ▼ が押されたとき
連結型	表示や計算など具体的な処理を行うブロック。他の連結型や囲み連結型と組み合わせることができます。	数を表示 0　　変数 じぶん ▼ を 0 にする
はめ込み型	センサーの値や計算結果などを表すブロック。「連結型」や「囲み連結型」の条件に利用したり、他の「はめ込み型」にはめて別の計算を行ったりします。	0 = ▼ 0　　明るさ　　0 + ▼ 0
囲み連結型	少し複雑なプログラムを書くときに利用するブロック。「囲み型」に似ていますが、「はめ込み型」で条件を指定したり、他の「連結型」や「囲み連結型」と組み合わせることができます。	くりかえし 4 回　　もし 真 ▼ なら

　形の異なるブロックを連結しようとすると、うまく組み合わせることができずにブロックが半透明になってしまいます。

　一般的なプログラミング言語では、プログラムに間違いがあると実行できないのですが、MakeCodeではブロックがつながらないことで、プログラムに間違いがあることを教えてくれます。

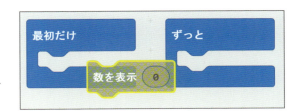

● LEDを光らせてみよう

それでは、早速LEDを光らせて、いろいろなアイコンを表示してみましょう。ツールボックスの「基本」から「アイコンを表示」を選択します。

基本ブロックはよく使うよ

そのままワークスペースの「ずっと」の中にドラッグ＆ドロップしましょう。

カチッという音が鳴れば成功だよ

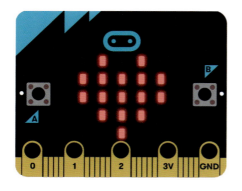

すると、左側のシミュレータのLEDがハートマークの形で点灯します。

「アイコンを表示」のハートマークをクリックするとほかのアイコンを選ぶことができます。

好きなアイコンを選ぶたびに、シミュレータのLEDが切り替わることを確認しましょう。

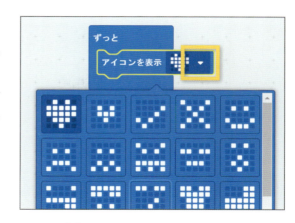

● ブロックを削除する、もとに戻す

「アイコンを表示」はもう使わないので、次へ進む前に削除する方法を説明します。

削除したいブロックをツールボックスの上にドラッグするとゴミ箱のマークが出ますので、その状態でドロップすると削除することができます。

また、誤ってブロックを削除してしまった場合は、MakeCodeの右下にある左向きの矢印「もとに戻す」をクリックすればもとに戻すことができます。

もとに戻す　　　もとに戻したことをやり直す

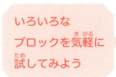

まちがえても
これなら安心
だね

いろいろな
ブロックを気軽に
試してみよう

● カウントダウンのプログラムを作ろう

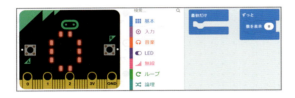

次にLEDで数字を表示してみましょう。ツールボックスの「基本」から「数を表示」を選択し、先ほどと同じように「ずっと」の中にドラッグ＆ドロップしましょう。左側のシミュレータに数字の0の形でLEDが点灯します。

「数を表示」の数字部分をクリックして、0を別の数字に書き換えてみましょう。左側のシミュレータのLEDも書き換えた数に応じて点灯します。

ブロックを複数ならべると、順番に数字を表示します。「数を表示」を右クリックして「複製する」を選択してください。ブロックが近くにコピーされるので、それを「ずっと」の中にドラッグ＆ドロップしましょう。

これを繰り返した後、「数を表示」の数字を1ずつ少なくしてみましょう。シミュレータで見ると、数字がカウントダウンして表示されているはずです。

カウントダウンができた！

● 変数を使って、カウントダウンのプログラムを作ろう

プログラムとしてはこのままでも動きますが、もし100からカウントダウンをしたいとなると、複製するだけでも大変です。こんなときには「変数」を使うことで、プログラムをかんたんに書くことができます。

変数とは、プログラムの中で数字や文字を入れておくことができる箱のようなものです。変数には名前をつけることができ、計算結果を保存したり、ボタンが押されたかどうかを表したりすることができます。

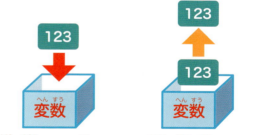

変数に数字を入れる。別のところでこの変数の中身を使うことができる。

数字を変数に入れることを「代入する」という。2つの変数を足して、別の変数に代入することもできる。

例えば、ロールプレイングゲームでキャラクターの成長度合いを示す「レベル」は変数の代表例です。キャラクターが今いる場所、ストーリーの進行具合、集めたアイテムとその数などにもすべて変数が使われています。

モンスターを育成するゲームをイメージしてみよう。モンスターの名前、性格、タイプ、ステータス、もっている技などの各要素は、すべて変数で表されている。

　それでは、早速変数を用意してみましょう。まずは、ツールボックスの「変数」から「変数を追加する」をクリックします。

　変数の名前がつけられるので「カウント」と入力してOKをクリックします。すると、ツールボックスに新しく作成した変数「カウント」に関するブロックが増えます。これで、変数が使えるようになりました。

　次に、「変数 カウントを0にする」を、ワークスペースの「最初だけ」の中にドラッグ＆ドロップします。

　次にツールボックスの「変数」から、「カウント」を選び、「数を表示」の数字の部分にドラッグ＆ドロップします。左のように変数が入った「数を表示」を残して、残りのブロックは削除します。シミュレータには0が表示されていますね。

これはどういうことでしょう。「最初だけ」の中で、「カウント」という名前の箱が作られて、そこには0が代入されます。「数を表示」では「カウント」という名前の箱に入っている数字が使われるので、0が表示されるのです。試しに「カウント」の値を100にして、シミュレータの表示も100に変わることを確認しましょう。

このままでは同じ数字が表示され続けるだけなので、カウントダウンするように一工夫します。ツールボックスの「変数」から「変数 カウントを1だけ増やす」を選び、「数を表示」の下につなげます。

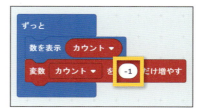

すると、シミュレータの表示が「100→101→102…」と増えていきます。これは、「ずっと」の中で「変数 カウントを1だけ増やす」が実行されるたびに「カウント」の値が1ずつ増えていくので、表示されるときに数が増えているのです。ただし、このままではカウントダウンにはならないので、一度に増える数を1ではなく−1に書き換えます。

「カウント」を書き換えれば「3ずつ減るタイマー」「1000から始まるタイマー」などもかんたんに作ることができます。このようにプログラムの中で変わる可能性がある数字や文字などは、変数を使うことでかんたんに表現・操作することができるようになります。

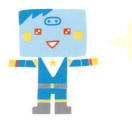

● プログラムをmicro:bitに保存しよう

カウントダウンする数字を実際にmicro:bitで表示してみましょう。プログラムにカウントダウンという名前をつけて、「ダウンロード」をクリックすると、パソコン上に「microbit-カウントダウン.hex」というファイルが保存されます。

次に、パソコンとmicro:bitをUSBケーブルで接続します。micro:bitが認識されて、MICROBITフォルダが開きます。ここに先ほど保存した「microbit-カウントダウン.hex」をドラッグ＆ドロップしてください。

MICROBITフォルダには何も表示されませんが、micro:bitの裏の確認用LEDが点滅していれば、書き込みが正常に行われています。点滅が終わって点灯になったら書き込み完了です。先ほどシミュレータで確認したカウントダウンが、micro:bitの実機でも表示されているか確認してみましょう。

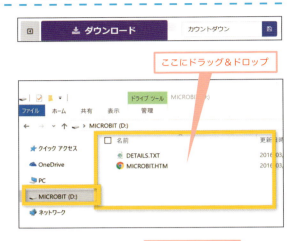

ここにドラッグ＆ドロップ

書き込み中はLEDが点滅する

全角と半角

ブロックの数字を書き換えようとしたとき、図のように背景が赤くなってうまく数字が反映されないことがあります。これは、文字の入力方式が全角だからです。プログラムでは全角と半角の数字は別ものとして扱われるので、全角の数字が入らないように教えてくれています。

● プログラムをパソコンから読み込もう

前に作ったプログラムはブラウザの中に保存されるため、パソコンやブラウザを変えると表示されなくなります。

micro:bitでは、「プロジェクト」という単位で作成したプログラムが管理され、プログラムの名前がそのままプロジェクトの名前になります。

パソコンに保存したプログラムをもう一度編集したり、他人の作ったプログラムを改良してみたりしたいときは、画面上部の「ホーム」をクリックします。すると、プロジェクト選択画面が開き、今までにMakeCodeで作っていたプロジェクトが表示されます。

右側の「読み込む」をクリックすると、プロジェクトを読み込む方法を聞かれるので、「ファイルを読み込む」をクリックします。

続いて、読み込むファイルを聞かれるので、「ファイルを選択」をクリックしてパソコンの中に保存されているプログラムを選択します。「.hex」で終わるファイル名が選択されていることを確認してから「つづける」を押せば、読み込みが完了します。

URLからインポートって何だろう？

他の人が公開しているプロジェクトを読み込むことができるんだよ！

コラム1
スマホで使うMakeCode

MakeCodeはスマートフォンでも使うことができます。ここでは、2つのやり方を紹介します。

① ブラウザでMakeCodeを使う

スマートフォンにあらかじめインストールされているブラウザを使って、右下①のURLにアクセスしてみましょう。

マイプロジェクトにある「新しいプロジェクト」を選択し、MakeCodeを起動します。

ツールボックスやメニューは文字からアイコンになっていて、画面の大半はワークスペースになっています。またシミュレータは最初は非表示になっていて、左下の矢印ボタンを押すと表示されます。

右下のダウンロードボタンを押すと、パソコン版と同じようにファイルをスマートフォン上に保存できます。

② アプリでMakeCodeを使う

AndroidおよびiOS版のスマホアプリが用意されています。これを使えばブラウザ版のMakeCodeを直接呼び出したり、スマートフォンに保存されているファイルを、Bluetoothを使ってmicro:bitに直接転送することができたりします。詳しくは右下②のURLをチェックしてみてください。

Androidアプリ版とiPhoneアプリ版があるよ

スマホで気軽にプログラミングできるんだね！

① https://makecode.microbit.org/
② https://microbit.org/ja/guide/mobile/

micro:bit ゲームライブラリを使おう

2

この本で使う「MakeCode」では、カラフルなブロックを組み合わせて、かんたんにプログラムを作ることができます。その中にあるゲームのブロックの使い方を覚えて、micro:bitのゲームプログラミングの基本をおさえましょう。

ライブラリってなんだ？

● ライブラリとは？

大工（プログラマー）が建築士、水道業者、電気事業者（ライブラリ）の力を借りて、家（プログラム）を作る様子。

ライブラリとは、特定の機能を誰でもかんたんに使えるようにしたものです。例えば、あなたが大工さんだとして、家を建てるときのことを考えてみましょう。実際に建物を組み立てるのはあなたがやりますが、家の設計図は自分で一から書くでしょうか。水道を使うための配管工事や、電気を使うための配線工事はどうでしょう。自分ですべてやるよりも、建築士や専門業者に頼んだ方が、効率的で安全な家を建てることができるのではないでしょうか。

ゲームライブラリでできること

- キャラクター（LED）の作成、移動
- キャラクター同士の接触の判定
- スコア、ライフの設定
- 制限時間の設定
- ゲームの一時停止、再開

ゲームライブラリは、micro:bitでゲームを作成するために役立つ機能・部品が集まっている便利なブロック集です。ゲームライブラリでは左の表のような機能を利用することができます。

建築士や専門業者に頼まなくても家が作れるように、ゲームライブラリを使わなくてもゲームを作ることはできます。ただ、ゲームライブラリを使うことで、一から全部の処理を作る必要がなくなり、短い時間・少ないブロックで本当に作りたいゲーム作りに集中することができます。

スプライトを使おう！

　スプライト（sprite）とは英語で「小さな精霊」という意味ですが、micro:bitの世界ではLED1つを使って表された生き物のようなものです。スプライトを使うことで、プレイヤー、障害物、敵キャラクターなど様々なゲームの要素をかんたんに作ることができます。ここでは、スプライトを動かしながら、プログラミングの基本的な考え方に触れてみましょう。もし、これまでに「Scratch」でのプログラミングを体験したことがある人は、Scratchのスプライトと似たようなものだと考えると分かりやすいかもしれません。

● スプライトを表示させよう！

　まずは、ツールボックスから「高度なブロック」→「ゲーム」を選んで「スプライトを作成 X:2 Y:2」をワークスペースの「最初だけ」の中にドラッグ＆ドロップしてみましょう。

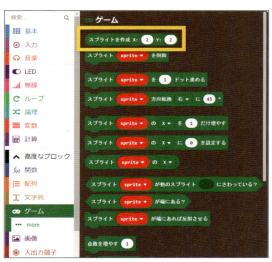

　すると、ブロックがぴったり組み合わさらず、半透明になってしまいます。これは、「スプライトを作成」がはめ込み型のブロックであるためです。

　これを解決するためには変数を使って、作成したスプライトを保存する必要があります。1章で変数は「数字や文字を入れることができる箱のようなもの」と説明しました。実は変数には、ほかの変数やスプライトのようなデータそのものを変数に保存することもできるのです。

変数に保存することで「名前」がつく。
名前を変えて保存することで別々に管理できる。

25

まずは、スプライトを保存する変数を作ります。1章を参考に「じぶん」という名前の変数を作ってみましょう。

次に、「変数 じぶん を0にする」を「最初だけ」の中にドラッグ＆ドロップします。

次に、先ほど組み合わせることができなかった「スプライトを作成 X:2 Y:2」を「変数 じぶんを0にする」の0の部分にドラッグ＆ドロップします。これでスプライトを作成して、「変数」の中に保存することができました。

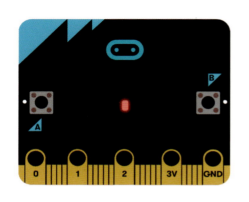

シミュレータを見ると、中央のLEDが点灯しています。これがスプライトによるキャラクターです。

スプライトができた！

座標ってなんだ？

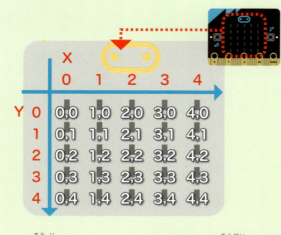

ところで、なぜ中央のLEDが点灯したのでしょうか？ micro:bitには縦5列・横5列で計25個のLEDがありますが、それぞれのLEDの場所は「座標」という2つの数字のペアで表すことができます。micro:bitでは、Xは横の位置を表し、左から右にかけて0から4までの数字になります。Yは縦の位置を表し、上から下にかけて0から4までの数字になります。「スプライトを作成 X:2 Y:2」というのは横の位置と縦の位置が2、つまり中央にスプライトを作成するということを表しています。

もし、自分で作った変数の名前を変えたい場合は変数の▼をクリックして変数の名前を変更を選択します。

1章でも説明した通り、ゲームの中ではたくさんの変数が使われます。その変数が何を表しているのか一目で分かる名前を意識してつけることは、複雑なゲームを作るときにとても重要になってきます。

● スプライトを動かしてみよう！

次に、作成したスプライト（せっかく名前をつけたので、以下「じぶん」とします）を左右に動かしてみましょう。ツールボックスの「高度なブロック」→「ゲーム」から「スプライト sprite を1ドット進める」と「スプライト sprite が端にあれば反射させる」の2つをワークスペースの「ずっと」の中にドラッグ＆ドロップします。

「sprite▼」をクリックして、「じぶん」に変えておきましょう。

「ずっと」の中にあるブロックは、上から順番に実行され最後まで終わるとまた最初から繰り返されます。最初は「じぶん」は1ドットずつ右に進みます（最初から右を向いています）。端にいる場合は反射、つまり進行方向が逆転するため、今後は「じぶん」は1ドットずつ左に進みます。

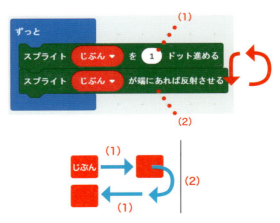

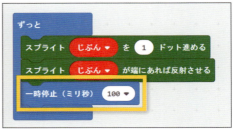

　左側のシミュレータを見てみると、ものすごい速度で「じぶん」が左右を往復しています。これは、「ずっと」の中のブロックが待ち時間なし※で実行され続けているためです。この速度をコントロールするためには、ツールボックスの「基本」にある「一時停止（ミリ秒）100」を使います。

※厳密には20ミリ秒の停止が入っています（https://www.microbit.co.uk/device/reactive）。

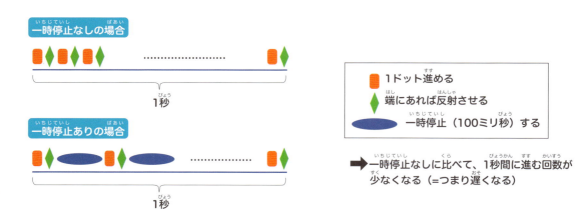

　「一時停止（ミリ秒）」を「ずっと」の一番下に置くと、「じぶん」の動きがゆっくりになります。これは、「ずっと」の中のブロックが実行された後、毎回100ミリ秒（＝ 0.1秒）プログラムの実行が停止するからです。待ち時間の100ミリ秒を短くすれば動きを早くできますし、長くすれば動きを遅くすることができます。

● うまく動かないときは？

　MakeCodeはブロックの組み合わせによってプログラムの間違いを調べていると書きましたが、すべての間違いを調べることはできません。シミュレータで動かそうとしたら右図のようなエラー（プログラムの間違い）になることがあります。

　右図の例は、作った変数「じぶん」ではなく最初に入っている「sprite」という名前でスプライトを操作しようとしているため「その変数にはスプライトが保存されていないよ」というエラーです。変数「▼」をクリックして「じぶん」に変更すれば解決します。

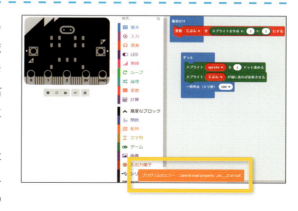

　エラーの原因は様々ですが、直前の操作が原因であることが多いので「もとに戻す」をクリックしてエラーが起こらない状態まで戻しましょう。多くのブロックを設置してから一度に動かそうとすると、どのブロックが原因か判別するのが難しくなってしまうので、シミュレータを使って自分のプログラムが想定通りに動いているか少しずつ確認しながら進めるのがコツです。

　ここまでで基本的なMakeCodeの使い方は終了です。次の章から、いよいよスプライトを使ったゲームを作っていきましょう！

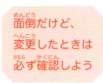

コラム2
Scratchで操作しよう

2019年1月リリース予定のScratch 3.0には、Bluetoothを使ってmicro:bitに連携する拡張機能が新たに加わり、Scratchでmicro:bitを操作することができます。Scratch 3.0のbeta版でその機能を体験することができるので、紹介します。

① Scratchとの連携

下の手順を参考に、必要な準備を行いましょう。

① Scratchとmicro:bitをBluetooth連携させる「Scratch Link（*1）」をインストールして起動
② micro:bitをパソコンにUSBで接続し、専用のhexファイル（*2）をmicro:bitに保存
③ Scratch 3.0 betaサイト（*3）にアクセス
④ 左下の「拡張機能を追加」から「micro:bit」を選択

接続可能なmicro:bitを自動的に探して表示するので、「接続」をクリックしましょう。これで、ScratchのGUIを使って、mirco:bitを操作することができます。

② Scratchを使った操作

つながったら、試しにかんたんなカウンターを作ってみましょう。まず「micro:bit」→「ボタンAが押されたとき」と「Hello!を表示する」を組み合わせます。次に、変数「カウンター」を作成し、「カウンターを1ずつ変える」をさらに下に組み合わせます。

これで、Aを押すたびにカウントが増えるようになります。Scratchで作ったプログラムは「Scratch Link」でmicro:bitに同期されるので、すぐに実機で動きを確認することができます。

※1 https://downloads.scratch.mit.edu/link/windows.zip
※2 https://downloads.scratch.mit.edu/microbit/scratch-microbit-1.0.hex.zip
※3 https://beta.scratch.mit.edu/

ミニアクションゲームを作ろう

3

難易度 ★☆☆　所要時間：60分

使う仕掛け
・ボタン
・温度センサー

ボタンを使ってプレイヤーを動かして、ゴールを目指すゲームです。途中にいる敵キャラクターに当たってしまうとゲームオーバーです。敵キャラクターのスピードは温度によって変わります。

温度センサー
敵キャラクターのスピードを変えるために利用します。

ICチップ
（温度センサー内蔵）

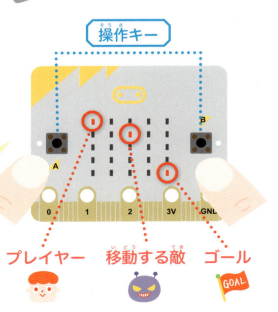
操作キー

プレイヤー　移動する敵　ゴール

基本のプログラム

このゲームは大きく分けて4つの処理に分けることができます。

ゲームを作ろう

● プレイヤーと敵とゴールを配置しよう

まずは、プレイヤー・敵キャラクター・ゴールのスプライトを配置しましょう。まずはツールボックスの「変数」→「変数を追加する」から、変数「プレイヤー」「敵」「ゴール」を作ります。プレイヤーは左上（0, 0）、敵は真ん中（2, 2）、ゴールは右下（4, 4）にします。

「高度なブロック」→「ゲーム」→「スプライトを作成 x:2 Y:2」を変数と組み合わせて、「最初だけ」の中に連結します。分からない場合は2章の「スプライトを使おう！」を参考にしてください。

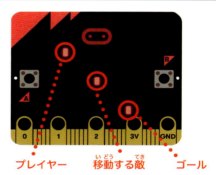

プレイヤー　　移動する敵　　ゴール

● プレイヤーを左右に移動させよう

次に、ボタンを使ってプレイヤーを左右に移動できるようにします。ツールボックスの「入力」→「ボタンAが押されたとき」をワークスペースへドラッグ＆ドロップします。

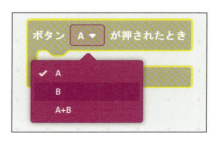

「ボタンAが押されたとき」は囲み型のブロックで、ボタンが押されたときに行いたい処理をブロックの中に連結していきます。まずは、Bボタンを押したらプレイヤーを右に移動させたいので、「A▼」をクリックしてBボタンに変更します。

次に「ゲーム」から「スプライト sprite の X を 1 だけ増やす」を「ボタン B が押されたとき」の中にドラッグ＆ドロップします。動かしたいスプライトはプレイヤーなので、「変数▼」をクリックしてプレイヤーにします。

これで、B ボタンを押すたびにプレイヤーの X 座標（横方向の位置）が 1 ずつ増えて、右側に移動できるようになります。

実際にシミュレータで B ボタンを押してみて、プレイヤーのスプライトが右に移動することを確認しましょう。

続いて、左側にも動けるようにします。「ボタン B が押されたとき」を右クリックして「複製する」を選び、コピーしたブロック「B▼」をクリックして A ボタンに変更します。

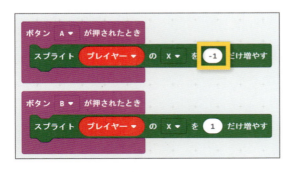

このままだと A ボタンを押しても右側へ移動してしまうので、左側へ移動するためには少し工夫をします。残念ながら、X 座標を減らすことができるブロックはないので、「1 だけ増やす」の「1」を「−1」に変更することで対応します。これで 2 つのボタンを使って左右に動けるようになりました。

−1 だけ増やすって、変な表現だね

1 だけ減らすって意味と同じなんだ。

● プレイヤーを下に移動させよう

続いて、プレイヤーを下に移動できるようにします。「ボタンBが押されたとき」を右クリックして「複製する」を選び、コピーしたブロック「B▼」をクリックしてA+Bボタンに変更します。プレイヤーを下方向に動かしたいので、「Xを1だけ増やす」の「X▼」をクリックして「Y」に変更します。これでA+Bボタンを押すたびにプレイヤーのY座標（縦方向の位置）が1ずつ増えて、下側に移動できるようになります。

シミュレータではAボタンとBボタンを同時に押すのは難しいので、Bボタンのすぐ下にあるA+Bというボタン（シミュレータだけにあるボタン）を押して、動作を確認しましょう。

画面の端を超えるとどうなるの？

ボタンを押し続けてスプライトが画面の端に到達したときに、ボタンを押し続けるとどうなるでしょう。画面の端を飛び出す……ということはなく、それ以上は進まなくなります。これは、ゲームライブラリが画面の端にいるときにはそれ以上進ませない、という処理をやってくれるからです。このようにプログラムのルールを破ってしまったときの対処（専門用語で「エラー処理」といいます）を任せることができるのもゲームライブラリの利点です。

● 敵を動かそう

プレイヤーが動かせるようになったので、今度は敵を動かします。ここでは、敵を左右に行ったり来たりさせてみましょう。

「ゲーム」から「スプライト sprite を1ドット進める」「スプライト sprite が端にあれば反射させる」の2つを、ワークスペースの「ずっと」にドラッグ＆ドロップしましょう。また、そのままでは敵の動きが早すぎるので、「基本」から「一時停止（ミリ秒）100」を持ってきて連結し、「100」を「500」に変えます。これで、敵は500ミリ秒に1回（1秒に2回）の速度で進むようになります。

● 敵にさわったら、ゲームオーバーにしよう

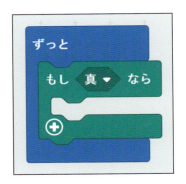

このままだと敵やゴールにさわっても、すり抜けてしまい何も起こりません。そこで、まずは敵にぶつかったらゲームオーバーになるようにします。敵にさわっているか調べるためには、条件分岐を使います。「基本」から「ずっと」、「論理」から「もし 真 なら」の2つをワークスペースにドラッグ＆ドロップして連結します。

「もし 真 なら」は「真」の部分に条件を連結することができ、その条件を満たすときだけ中のブロックが実行されます。条件の部分には「ゲーム」の「スプライト sprite が他のスプライト にさわっている？」をドラッグ＆ドロップして連結します。

プレイヤーが敵にさわっているときだけゲームオーバーにしたいので、「sprite▼」をクリックして「プレイヤー」に、「他のスプライト」にはツールボックスの「変数」から「敵」を取り出して連結します。

「もしプレイヤーが敵にさわっているならゲームオーバー」ってことだね！

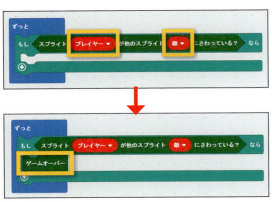

「ゲーム」から「ゲームオーバー」を「もし」の中に連結すれば、ゲームオーバー処理の完成です。早速シミュレータで、敵にさわったときにゲームオーバーの画面になるか確認しましょう。

● ゴールしたら、「GOAL」の文字を表示しよう

最後はゴールしたときの処理です。敵にさわっているときの処理を参考に、1つ下にゴールにさわっているときの処理を連結します。

ゴールにさわっているときは「GOAL」という文字を表示したいので、ツールボックスの「基本」から「文字列を表示 HELLO」を「もし」の中に連結します。そして、「HELLO」をクリックして「GOAL」に書き換えます。シミュレータでゴールにさわったときに「GOAL」の文字列がスクロールして表示されることを確認しましょう。

このままでもよいのですが、「GOAL」の文字が表示される瞬間に、プレイヤーや敵のスプライトが残っているのが気になるかもしれません。また、文字の表示が終わると、何事もなかったかのようにゲームが再開してしまいます。そこで、ゴールにさわったときに画面をクリアし、文字表示後にはゲームをリセットするようにしましょう。

「リセット」のブロックはこれからも時々登場するよ。

「ゲーム」から「スプライト sprite を削除」をスプライトの数だけドラッグ＆ドロップして、「sprite▼」をそれぞれ「敵」「ゴール」「プレイヤー」に書き換えます。また、「高度なブロック」の「制御」から「リセット」を同じくドラッグ＆ドロップします。

これで、ゴールにさわったあとのクリア表示も違和感なく行われるようになり、ゲームの基礎が完成しました。

基本のプログラム完成！

● 遊んでみよう！

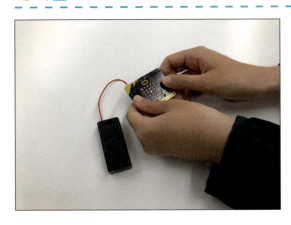

実際に micro:bit に保存して、遊んでみましょう。保存する方法は1章を参考にしてください。

ここまでで32ページのプログラムが完成したよ

敵をよけてゴールを目指そう！

ゲームを改良しよう

ここからは、今までに作ったゲームを改良して、もっと面白いゲームにしてみましょう。

● 敵の動きを変えよう

今は左右を往復しているだけの敵ですが、少しずつ斜めに進むようにしていきます。

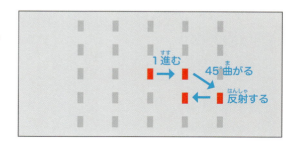

「ゲーム」から「スプライト sprite 方向転換 右に 45°」を、ワークスペースの「ずっと」にドラッグ＆ドロップし、「sprite」を「敵」に変えます。これで、敵の動きが少し複雑になりましたね。

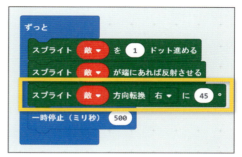

● 温度センサーで敵の速さを変えよう

今度は温度センサーを使って、敵の動きを変えてみましょう。温度が上昇したときに敵の動きを2倍速くして、温度が低下したらもとの速さに戻します。

敵の動く速さは「一時停止（ミリ秒）500」で決まります。この数値を大きくすれば遅くなり、小さくすれば早くなります。

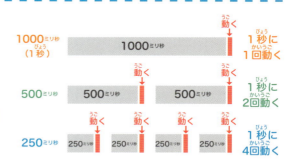

まずは、最初の温度を記録するための変数「最初の温度」と、待ち時間を変えるための変数「待ち時間」の2つを作ります。「最初の温度」には「入力」から「温度（℃）」をドラッグ＆ドロップして、初期化しておきます。

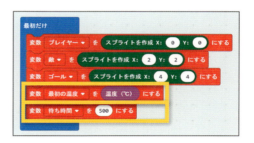

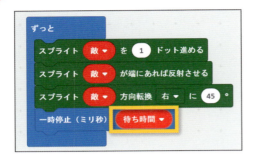

　次に、ツールボックスの「変数」から、先ほど作った「待ち時間」を「一時停止（ミリ秒）500」の「500」の位置にドラッグ＆ドロップしましょう。

　続いて、温度によって待ち時間が変わる条件分岐を作ります。「基本」から「ずっと」、「論理」から「もし～なら～でなければ」を取り出して組み合わせます。

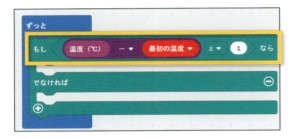

　温度が1℃上がったら敵の速さ（＝待ち時間）を変えたいので、条件の部分には「今の温度 － 最初の温度 ≧ 1」を入れます。「計算」から「0 － 0」、「入力」から「温度」、「変数」から「最初の温度」を取り出して組み合わせます。

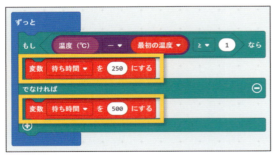

　最後に、条件に当てはまるときは「待ち時間」を「250」に、そうでないときは「待ち時間」を「500」にします。

　これで、温度が上がったら敵の速さが上がるようになりました。シミュレータを見ると左側に温度計のようなバーが増えています。この温度計をクリックすることでシミュレータ内で温度を変えることができます。温度を上下させて、敵の速さが変わることを確認しましょう。

完成プログラムは
ダウンロード特典にあり

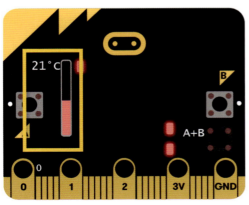

● 遊んでみよう！

実際にmicro:bitに保存して、遊んでみましょう。温度センサーは気温・室温ではなく、ICチップ（エンジンのようなもの）の温度を測っています。そのため、遊んでいるとだんだん温度が上がってきます。敵の速さがなかなか変わらない場合は、手で包んで温めてみたり、計算式の条件を変えてみたりしましょう。

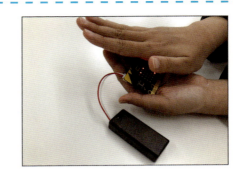

この章のまとめ

この章では、ボタンを使用してプレイヤーを操作し、敵をよけながら、ゴールを目指す「ミニアクションゲーム」を作りました。スプライトの基本的な機能やゲームを作るうえで必要となってくる基本的な要素（初期化、条件分岐処理、スプライトの移動）を学びました。

ポイント

● ゲーム判定の際に条件を調べ、その結果によって処理を変える「条件分岐」を使い、ゲームオーバーやクリアなどのゲームのルールを作った。

● ボタンやセンサーからの入力を受け取り、ゲーム内のいろいろな変数を書き換えることで「ボタンを押したらプレイヤーが動く」「温度が変わったら敵キャラクターの速度が変わる」といった動作をプログラミングした。

用語解説

初期化
ゲームの状態（変数）を一番初めの値（初期値ともいいます）に設定することです。初期化を行うことで、毎回同じ条件でゲームを始めることができます。

衝突判定
2つのもの同士がぶつかっているかどうかを調べることです。プレイヤーと敵がぶつかっているかどうか、プレイヤーや敵が壁にぶつかっているかどうか（端にいるかどうか）、プレイヤーがゴールに到達したかどうか、などを調べることができます。

条件分岐
「もし朝7時なら、目覚ましアラームを鳴らす、でなければ鳴らさない」といったように、何かを調べて、その結果によって処理を変えることです。「もし朝7時かつ平日なら」とか「もし朝7時または朝8時」のように複数の条件を指定することもできます。

文字列
コンピューターでは文字は数字として保存されますが、数字のままでは人間が理解することはできません。そこで、人間に分かりやすいように数字を文字に変換し、まとめたものを文字列といいます。

コラム3
数式とプログラム

　ゲームを作る上で、一定のルールに基づいて処理を行うときに、数式で表現することがよくあります。3章の応用編として、温度が上がると敵の速さが速くなるようにするための計算式を考えてみましょう。

温度差	停止時間	敵の速さ
0℃	1000	1秒に1回動く
1℃	800	0.8秒に1回動く
2℃	600	0.6秒に1回動く
3℃	400	0.4秒に1回動く
4℃	200	0.2秒に1回動く

　敵の速さは停止時間の長さで変えることができます。温度と停止時間（敵の速さ）の関係を表に表してみましょう。

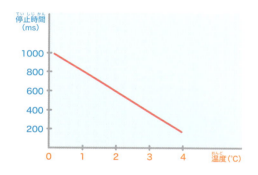

　これをグラフで表すと以下のようになります。

ちょっとむずかしいね

　これを計算式（一次方程式）で表すと以下のようになります。

● **計算式** 　停止時間 ＝ 1000 －（温度差 × 200）

　これをMakeCodeで表現すると、以下のようになります。温度差は、変数で最初の温度を記録しておき、現在の温度からそれを引くことで表現しています。
　このように、計算式を使うとゲームの処理をかんたんに作ることができます。

4

キャッチゲームを作ろう

難易度 ★★☆　　所要時間：90分

使う仕掛け
- ボタン
- 加速度センサー

ボタンを使ってキャッチャーを動かして、落ちてくるスプライト（りんご）をキャッチするゲームです。
りんごを10個キャッチできればクリアですが、中にはキャッチできないりんごがあり、当たらないように避ける必要があります。
また、ゆさぶることでりんごの位置を動かすことができます。

加速度センサー
ゆさぶられたことを検知して、りんごの位置を動かします。

加速度センサー

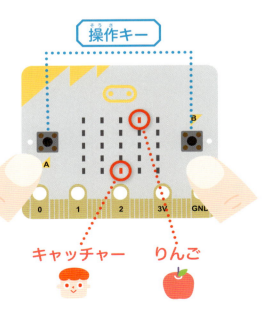
操作キー
キャッチャー　りんご

基本のプログラム

このゲームは大きく分けて4つの処理に分けることができます。

ゲームを作ろう

● キャッチャー・りんごを配置しよう

まずは、キャッチャーとりんごのスプライトを配置しましょう。「変数」→「変数を追加する」から、変数「りんご」「キャッチャー」を作ります。

りんごは中央上（2, 0）、キャッチャーは中央下（2, 4）に置きたいので、「高度なブロック」の「ゲーム」から「スプライトを作成 X:2 Y:2」を変数と組み合わせて、右のように「最初だけ」の中に連結します。

● キャッチャーを左右に移動させよう

次に、ボタンを使ってキャッチャーを左右に移動できるようにします。ここは3章と同じなので、詳細は省きます。右のように、ボタンを押したときにキャッチャーのX座標が変わるようにしてください。

ここまでは、3章のゲームと同じだね

● りんごを落とそう

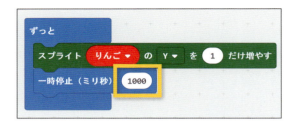

次はりんごが落ちてくるようにします。「ゲーム」から「スプライト sprite の変数の X を 1 だけ増やす」を「ずっと」に連結しましょう。また、そのままでは敵の動きが速すぎるので、「基本」から「一時停止（ミリ秒）100」を持ってきて連結し、「100」を「1000」に変えます。

ここまでをシミュレータで実行してみると、りんごが一番上からではなく、1マス下の位置から落ちてきます。これは、りんごのスプライトを作成した後、すぐに1マス下に動くためです。「最初だけ」にも「一時停止（ミリ秒）1000」を加えましょう。

さらに、りんごが一番下まできたら次のりんごが落ちてくるように見せます。「論理」から「もし 真 なら でなければ」を「ずっと」に連結します。

条件部分には「ゲーム」の「スプライト 変数 の Y」と「論理」の「0 = 0」を組み合わせて、「スプライト りんご の Y >= 4」を作って組み合わせます。「=」をクリックすると「>=」に変えることができます。

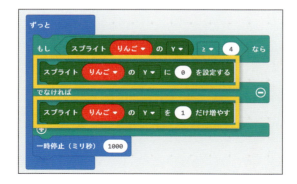

りんごが一番下にきたら Y 座標を 0 に戻し、そうでなければ Y 座標を増やします。

「ゲーム」から「スプライト sprite の X に 0 を設定する」「スプライト sprite の X を 1 だけ増やす」を条件に応じて左のように連結します。「変数▼」を「りんご」、「X▼」は「Y」に変えます。

● りんごをキャッチしよう

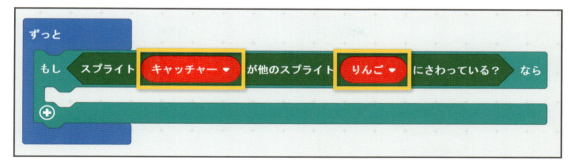

これで、りんごが一番下にきたら、次のりんごが落ちるようになりました。

さて、今度はりんごをキャッチしたら点数が入るようにします。
「基本」から「ずっと」、「ゲーム」から「スプライト sprite が他のスプライトにさわっている？」を組み合わせます。「変数▼」をクリックして「キャッチャー」に、他のスプライトには「変数」から「りんご」を組み合わせておきましょう。

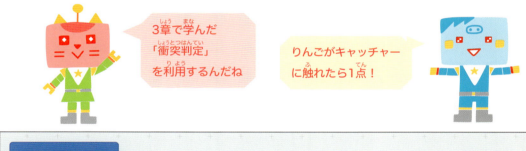

条件に当てはまるときには点数を増やします。micro:bitのゲームライブラリの中には点数をかんたんに数えることができるブロックが用意されているので、それを使いましょう。
「ゲーム」から「点数を増やす 1」を「もし」の中に連結します。

この状態でシミュレータを使って動かしてみると、キャッチャーがりんごに触れたときに、小さなアニメーションが起こります。このアニメーションは「点数を増やす」を使った場合に自動的に行われるもので、視覚的にも何か起きたということが分かりやすいですね。

● りんごを色々なところから落とそう

さて、このままだとりんごが同じところからしか落ちません。毎回違う場所から落とすにはどうすればよいでしょう。それを実現するためには、**乱数**を使います。乱数とはサイコロを投げた時のように、何が出るか予測ができない数字のことです。

実際に乱数を使ってりんごが落ちる位置を毎回変えてみましょう。ツールボックスの「計算」から「0から10までの乱数」を選んで、「最初だけ」の中にある、「変数りんごを スプライトを作成 X:2 Y:0 にする」の「X:2」の部分に組み込みます。

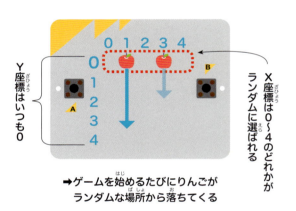

「0から10までの乱数」は、0から10（0, 1, 2, 3 … 10）のどれかの数字がランダムに選ばれます。座標は0から4までなので、10の部分を4に変えます。

りんごのX座標に乱数を設定することで、ゲームを始めるたびに、X座標が0から4のどれかになります。

次のりんごが落ちてくるときにも乱数を使って工夫しましょう。

「ゲーム」→「スプライト sprite の Xに0を設定する」と「計算」→「0〜4の範囲の乱数」を組み合わせて、りんごの移動処理をしている「ずっと」の中に入れます。これで、りんごが毎回違うところから落ちてくるようになりました。シミュレータでも確認してみましょう。

● 点数が一定数を超えたら、クリアさせよう

最後にりんごをキャッチできた点数を表示し、点数が10点を超えたらクリアできるようにします。まずは、「A+B」ボタンを押したら点数を表示するようにします。

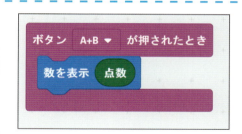

「入力」から「ボタンAが押されたとき」をワークスペースへドラッグ＆ドロップし、「A▼」をクリックして「A+B」にしておきます。次に「基本」→「数を表示」と「ゲーム」→「点数」を組み合わせて、「ボタン A+Bが押されたとき」に組み合わせます。

点数を表示した後に、りんごがうまく動かなくなることがあります。これを解決するために一時停止を使います。

「ゲーム」の「more」から「一時停止」と「再開する」を取り出し、「数を表示 点数」を挟むように配置します。

これで、止まっていたアニメーションを再開することができます。
なお、「一時停止」といってもすべてのプログラムが停止するわけではなく、表示部分のみが対象です。

> ちょっとしたテクニックが必要なんだね

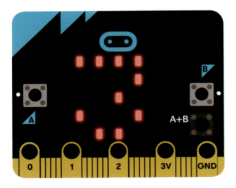

これで、「A+B」ボタンを押したときに点数がでるようになりました。

さて、りんごをキャッチして一度点数を増やしたら、そのまま点数が増え続けないように、次のリンゴが落ちるようにしましょう。48ページの「りんごを色々なところから落とそう」と同じです。

続いて、点数をゲームのクリアに使いましょう。
「ゲーム」→「点数を設定する 0」を「最初だけ」の中で組み合わせて、ゲームを始めるたびに0点になるようにします。

次に、ゲームの判定を行っている「もし〜なら」の条件分岐を増やして、点数の判定を追加します。「もし」の左下にある＋マークをクリックしてみましょう。

「でなければ」という部分が増えて、条件分岐を増やすことができました。ただし、これだと新たな条件を設定できないので、もう一度+マークを押して「でなければもし〜なら」という条件分岐を増やします。

「論理」→「0 < 0」をりんごの判定の「でなければもし〜なら」の条件として組み合わせます。左辺は点数、右辺は10にして、式は不等号（≧）を使います。

あとは、条件に当てはまる場合は、CLEARの文字列を表示し、スプライト（りんご、キャッチャー）を削除します。これで、基本的なゲームが完成しました。

基本のプログラム完成！

● 遊んでみよう！

それでは、実際にmicro:bitに保存して遊んでみましょう。

落ちてくるりんごをキャッチして、途中で点数を確認しながら、10点を目指しましょう。CLEARの文字列が表示されたらゲームは終了です。

めざせ、10点満点！

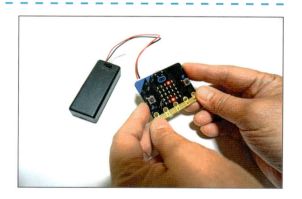

ゲームを改良しよう

　ここからは、今までに作ったゲームを改良して、もっと面白いゲームにしてみましょう。少し難しくなりますから、分からない人は飛ばしてしまってもかまいません。

● キャッチしてはいけないりんごを作ってみよう

まずは、キャッチすると逆に点数が減ってしまうりんごが出てくるようにしてみましょう。りんごがキャッチできるかどうかを判定するために、専用の変数「キャッチできるりんご」を作ります。

まずそうなりんごだね

偽（OFF）

真（ON）

「キャッチできるりんご」には数字や文字の代わりにON/OFFを記録しておきます。これをプログラミングの用語では**真偽値**と言います。ONの状態を真、OFFの状態を偽と呼びます。

最初はキャッチできるりんごにしておきたいので、「論理」から「真」を取り出して、「変数 キャッチできるりんご を0にする」の「0」の部分に連結しましょう。

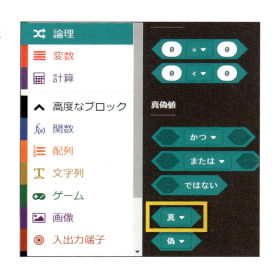

ゲームが始まった時、スイッチをオンにするイメージだよ

次に、この変数を使ってりんごの衝突判定の処理を変更します。「論理」から「もし〜ならでなければ」をキャッチャーとりんごの衝突判定を行っている「もし〜なら」の中に入れます。条件には「キャッチできるりんご = 真」と設定します。

それから、条件分岐を使って、以下のような処理を作ります。

- 「キャッチできるりんご」が真:「点数」を増やす
- 「キャッチできるりんご」が偽:「点数」を減らす

4 キャッチゲームを作ろう

　これでりんごの種類によって処理が変わる部分ができました。後は、りんごが落ちてくるたびにキャッチできるかどうかを決めるだけです。

　ツールボックスの「計算」に「ランダムに真か偽に決める」という便利なブロックがあるので、これを利用しましょう。このブロックはコイン投げのように「真」か「偽」をランダムに決めてくれる乱数の一種です。

　画像のように「変数」→「変数 キャッチできるりんごを0にする」と「計算」→「ランダムに真か偽に決める」を組み合わせたブロックを連結します。

　りんごをキャッチしたときの後にも、忘れずに同じブロックを連結します（右クリックで「複製」するとかんたんです）。

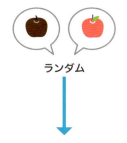

ランダム

どちらのりんごが
落ちてくるかは
ランダムで決まるんだね

これで、キャッチすると点数が減ってしまうりんごをランダムに登場させることができるようになりました。

ただ、このままだと、どれがキャッチできて、どれがキャッチできないりんごか見た目から分かりません。そこで、キャッチできないりんごは「LED」→「反転 x 0 y 0」を利用して点滅させるようにしましょう。

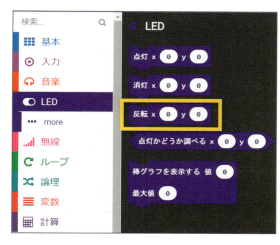

「論理」、「変数」、「LED」、「ゲーム」の各ブロックを右のように組み合わせて、ゲームの判定の一番最初に連結します。これで、キャッチできないりんごを点滅させることができます。

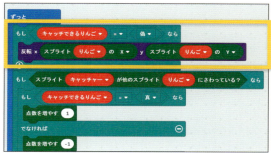

点数が減るりんごはチカチカ点滅しているよ

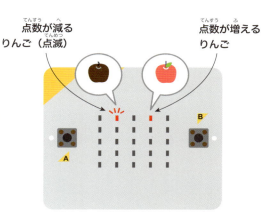

点数が減るりんご（点滅）

点数が増えるりんご

● りんごをキャッチできなかったらゲームオーバーにしよう

このライフのブロックは英語だけれど、そのうち翻訳されるんじゃないかな

さらに、キャッチできるりんごを3回キャッチできなかったら、ゲームオーバーになるようにしてみましょう。

ゲームライブラリの中には、自分のライフを表す機能があるので、それを使ってみます。

まずは、自分のライフを3に設定するために「ゲーム」→「set life 0」を「最初だけ」の中に連結し、0を3に書き換えます。

さらに、次にりんごを落とす場所を決める処理の中で、キャッチできるりんごならライフを1減らします。

「論理」→「もし〜なら」の条件に「変数」→「キャッチできるりんご」をセットします。条件分岐処理には、「ゲーム」→「remove life 0」を連結し、0を1に変えます。

remove life はアニメーションとともにライフを減らし、ライフが0になったらゲームオーバーになります。これで、3回ミスしたらゲームオーバーの仕組みを作ることができました。

● ゆさぶってりんごを動かしてみよう

今度は加速度センサーを使って、りんごを動かしてみましょう。ツールボックスの「入力」から「ゆさぶられたとき」をワークスペースにドラッグ＆ドロップします。このブロックは、加速度センサーがmicro:bit本体の動きを検知した時に中に連結されているブロックを実行します。

ゆさぶるたびに、りんごが左右どちらに動くかを乱数で決めるために、変数「りんごを左に動かす」を作り、「計算」→「ランダムに真か偽に決める」を組み合わせます。

キャッチャーを動かさずに
ゆさぶるだけでも
ゲームをプレイできるよ

変数「りんごを左に動かす」を使った条件分岐を作り、乱数によって左右にランダムで動くようにします。これで、ゆさぶるたびにりんごが動くようになりました。

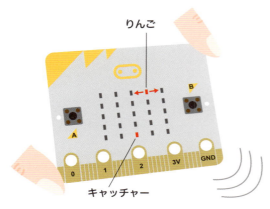

ゆさぶってプレイするのも楽しいかも！

● 遊んでみよう！

それでは、実際にmicro:bitに保存して、遊んでみましょう。
　加速度センサーは反応させるのに少しコツがいるので、どれくらいの速さで傾けたら反応するか、色々ためしてみましょう。

完成プログラムは
ダウンロード特典にあり

この章のまとめ

この章では、ボタンを使用してキャッチャーを操作し、落ちてくるりんごをキャッチする「キャッチゲーム」を作りました。ゲームライブラリの点数機能を使ってスコアを記録したり、加速度センサーを使って、ゆさぶられたことを検知して、りんごを動かす方法も学びました。

ポイント

● ゲームの処理や判定に乱数を使うことで、落ちてくるりんごの場所やりんごの種類（キャッチできる、できない）が毎回変わるようにした。

● 真偽値と条件分岐を組み合わせることで、りんごの種類によって、点数が増減するルールを作った。

用語解説

乱数
何が出るか予測ができない数字のことです。乱数は予測できないので、ドキドキ感を与えるためにゲームの様々なところに使われます。
例えば、ＲＰＧ（ロールプレイングゲーム）で、敵が出現するかどうか、敵の行動パターン、ダメージの量を決めるときなどに乱数が使われます。

真偽値
プログラムにおいて条件に入る値です。真（ON）、偽（OFF）の2つがあり、合わせて真偽値と呼びます。「論理」や「ループ」などのブロックの条件に初期値として「真」が設定されていますが、これは「常に条件に当てはまる」という意味です。

乱数とか真偽値ってなんだかかっこいいね！

ゲームっぽい用語が多くなってきたね

\ コラム4 /
デバッグとは？

● デバッグとバグ

デバッグ（debug）とは、プログラムがうまく動かないときに、間違っている部分を見つけ出し、それを直すことです。虫（bug、バグ）がコンピューターの中に入って動作不良を起こしたという逸話から、プログラムがうまく動かない中に潜む問題のことをバグと呼び、バグを取り除くことをデバッグ（debug）と呼ぶようになりました。プログラムが複雑になるほどバグを探すのが難しくなるため、デバッグには時間がかかるようになります。

● スローモーションを使ってデバッグしよう

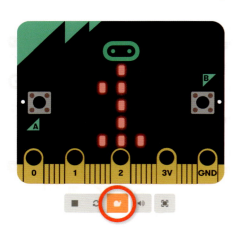

MakeCodeにはデバッグをサポートする機能として、「スローモーション」があります。これを使うと、プログラムの実行がゆっくりとなり、今実行しているブロックを強調表示してくれます。シミュレータの下にあるボタンのうち、真ん中のカタツムリのボタンを押すとスローモーションが始まります。

これは数字を1ずつ増やして表示するプログラムですが、スローモーションにすると、「数を表示 カウンター」と「変数 カウンターを1だけ増やす」のブロックが順番に実行されている様子が分かります。

スローモーションを使うことで、自分のプログラムがどのような順番で実行されるか見えるようになるので、これを参考に期待通りに動かない部分をデバッグしていきましょう。

5

使う仕掛け
・加速度センサー

逃走ゲームを作ろう

難易度 ★★☆　　所要時間：75分

micro:bitを傾けてプレイヤーを動かし、敵から逃げる時間を競うゲームです。カウントダウンのアニメーションの後、ゲームが始まります。時間の経過とともに、敵の数が増えていき、難易度が上がります。

加速度センサー

micro:bitを傾けてその方向にプレイヤーを操作するのに利用します。

ウラ
加速度センサー

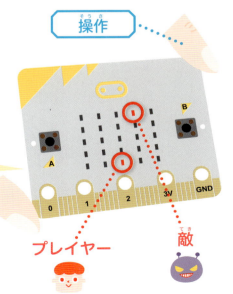

操作
プレイヤー
敵

基本のプログラム

このゲームは大きく分けて4つの処理に分けることができます。

❶ ゲームの初期化

プレイヤーや敵の配置など、ゲームを始めるための準備を行います。

❷ ゲームの判定

敵とプレイヤーが衝突しているか調べて、衝突していたらゲームオーバーにします。

❸ プレイヤーの移動

加速度センサーを使って、プレイヤーを上下左右に移動させます。

❹ 敵の移動

一定時間毎に敵をランダムで動かします。また、敵が動くたびに点数を増やします。

ゲームを作ろう

5 逃走ゲームを作ろう

● プレイヤー・敵を配置しよう

まずは、プレイヤーと敵のスプライトを配置するために、「変数」→「変数を追加する」から「プレイヤー」「敵」を作ります。

プレイヤーは中央（2, 2）、敵はランダムに置きたいので乱数を使います。「ゲーム」→「スプライトを作成」、「計算」→「0から10までの乱数」と今作った変数を組み合わせて、「最初だけ」に連結します。

● プレイヤーを傾けて移動させよう

次に、micro:bitを傾けて、プレイヤーを上下左右に移動できるようにします。

micro:bitの加速度センサーを使うと、ロール（左右の傾き）とピッチ（上下の傾き）を調べることができます。

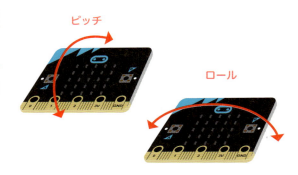

まずは、横方向の動き（ロール）を利用して、左右に移動できるようにしましょう。

「入力」→「さらに表示」にある「傾斜（°）ピッチ」を取り出します。「ピッチ▼」をクリックして、「ロール」に変更しておきます。

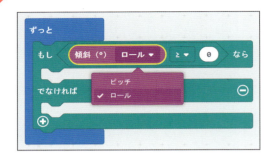

　次に、「基本」→「ずっと」と「論理」→「もし〜なら〜でなければ」を組み合わせます。条件部分には、「論理」→「0 < 0」と「傾斜 (°) ロール」を組み合わせたものを連結します。

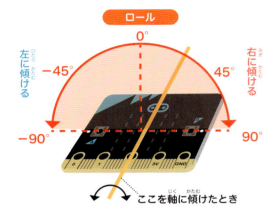

　ロールは左右の傾きを調べることができます。右に傾いているときはプラスの値、左に傾いている時はマイナスの値になります。これを踏まえて、「ゲーム」→「スプライト sprite X を1だけ増やす」を利用して、以下のような条件分岐を作りましょう。

- ロールがプラスだったら、プレイヤーのスプライトを右方向に動かす（Xを増やす）
- ロールがマイナスだったら、プレイヤーのスプライトを左方向に動かす（Xを減らす）

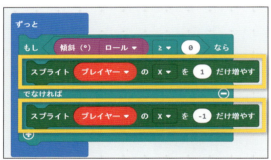

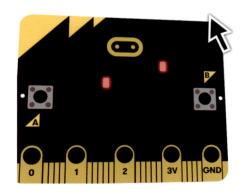

　ここまでのプログラムをシミュレータで確認してみましょう。傾斜 (°) ブロックを使うと、シミュレータをマウスで傾けることができるようになります。

シミュレータのはじっこにマウスをのせると、そっちに傾くね

少し移動のスピードが速すぎるので、「基本」→「一時停止（ミリ秒）100」を入れておきましょう。

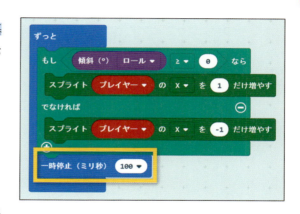

同様に、今度はピッチを使って上下にも移動できるようにします。ピッチは上下の傾きを調べることができ、下に傾いているときはプラスの値、上に傾いている時はマイナスの値になります。これを踏まえて、「ゲーム」→「スプライト sprite Yを1だけ増やす」を利用して、以下のような条件分岐を作りましょう。

- ピッチがプラスだったら、プレイヤーのスプライトを下方向に動かす（Yを増やす）
- ピッチがマイナスだったら、プレイヤーのスプライトを上方向に動かす（Yを減らす）

これで、micro:bitを傾けることで、プレイヤーを上下左右に動かすことができるようになりました。

ボタンよりも自由に動かせるね！

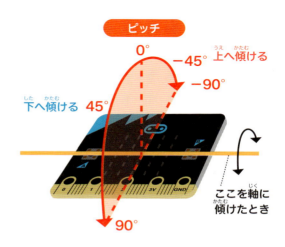

● 敵をランダムに移動させよう

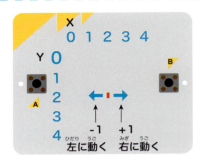

次は敵がランダムに動くようにします。ランダムな動きはどのようにプログラムすればいいでしょうか。4章で登場した**乱数**を使うことで、実現することができます。

まずは左右の方向にランダムに動くことを考えてみましょう。左右の方向にランダムに動くというのは、

> ● 左に動く（Xを1減らす）
> ● 動かない（Xは変わらない）
> ● 右に動く（Xを1増やす）

左右の動きはXが関係あるってことだね

のいずれかがランダムに選ばれるということです。つまり、−1, 0, 1のいずれかが返ってくる乱数を作ることができればよいわけです。「計算」→「0から10までの乱数」を「−1から1までの乱数」に変えましょう。

後は、これを「基本」→「ずっと」と、「ゲーム」→「スプライト spriteのXを1だけ増やす」と組み合わせれば、敵が左右方向にランダムに動くようになります。

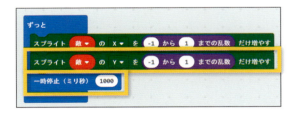

同様に、上下方向にもランダムに動くようにすれば、完全にランダムに動くようになります。ただし、このままだと敵の動きが速すぎるので、「一時停止（ミリ秒）1000」を入れておきましょう。

● 衝突判定をつけよう

さて、今度はプレイヤーと敵に衝突判定をつけます。
「基本」から「ずっと」、「ゲーム」から「スプライト sprite が他のスプライトにさわっている？」をドラッグ＆ドロップして組み合わせます。sprite▼をクリックして「プレイヤー」に、ほかのスプライトには変数から「敵」を組み合わせておきましょう。条件に当てはまるときには「ゲーム」→「ゲームオーバー」にします。

● 点数をつけよう

逃走ゲームなので、敵から逃げた秒数をそのまま点数にします。まずは、「ゲーム」→「点数を設定する 0」を「最初だけ」の中に連結します。

続いて、敵の移動後に点数が増えるようにします。「ゲーム」→「点数を増やす 1」を使えば、かんたんに点数を増やすことができますが、毎回アニメーションが発生してしまい、ゲーム画面が見づらくなってしまいます。そのため、今回は「ゲーム」→「点数」と「計算」→「0 + 0」を組み合わせることで、点数を増やすプログラムを右のように作ります。

欲しい機能がゲームライブラリにないや

そんなときは、自分で作ることも必要なんだね

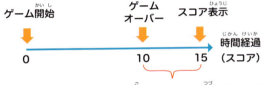

ここまでできたら、シミュレータでゲームをプレイしてみましょう。何秒か敵から逃げたあとでゲームオーバーになると、最後に点数が表示されます。さて、ここで表示される点数が、逃げた秒数よりも大きくなっていることに気づいたでしょうか。

これは、ゲームオーバーになった後も点数のカウントが続いているので、ゲームオーバーの文字が表示されている間に点数が増えてしまうためです。これを解決するために、今回は**フラグ**を使います。

フラグは、スイッチのON/OFFのように、2つの状態を切り替えるために使う変数です。フラグには4章で学んだ**真偽値**が使われます。フラグが真であればスイッチがONの状態、偽であればスイッチがOFFの状態です。では、実際に「ゲームオーバー」というフラグを用意して、ゲームの状態を変えていきましょう。変数「ゲームオーバー」を作り、初期値として「論理」→「偽」を設定します。

ゲームの判定部分の「ゲームオーバー」の直前で、フラグ「ゲームオーバー」を「真」にします。

そして、点数が増えるのはゲームオーバーではないとき、すなわち、フラグ「ゲームオーバー」が「偽」のときだけです。「論理」→「もし〜なら」の中に「点数を設定する」を入れて、条件部分には、「ゲームオーバー = 偽」を入れます。

これで、ゲームオーバーになった後は点数が増えなくなり、正しい点数表示ができるようになりました。シミュレータで確認しましょう。ここまでで、基本的なゲームが完成しました！

基本のプログラム完成！

● 遊んでみよう！

それでは、実際にmicro:bitに保存して遊んでみましょう。micro:bitを傾けて、できるだけ長い時間、敵から逃げ続けましょう。傾きのスピードを変えたい場合は、プレイヤーの移動の中にある「一時停止（ミリ秒）100」を調整してみましょう。

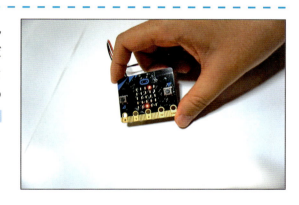

傾きのスピードを変えても楽しそう！

正しく点数が表示されたかな？

ゲームを改良しよう

ここからは少し難しくなりますが、今までに作ったゲームを改良して、もっと面白いゲームにしてみましょう。

● 開始前のアニメーションをつけよう

まずは、ゲーム開始前のアニメーションを、くりかえしを使って作ります。

ツールボックスの「ループ」→「くりかえし 4回」を「最初だけ」の上部にドラッグ＆ドロップします。今回は、3回だけ繰り返したいので、くりかえしの回数を「3」に変えておきます。

2つのアイコンを組み合わせてかんたんなアニメーションにしましょう。

「基本」→「アイコンを表示」で好きな形のアイコンを組み合わせてみてください。ここでは、2つの四角形を交互に表示するようにします。

できあがったら、シミュレータでアニメーションの動きを確認しましょう。

たとえば、3, 2, 1, 0みたいにアイコンを数字にすれば、カウントダウンも作れるね！

● 敵の数を増やそう

　続いて、ゲームの難易度を上げるために、敵の数を増やします。新しい敵は、最初は止まっていますが、時間が経過すると動き出します。
　まず、新しい変数「敵2」を作り、「最初だけ」の中で初期化します。

　次に、新しい敵を動かす部分を作ります。このゲームでは点数を時間として使えるので、点数が10以上のときに新しい敵が動くような条件分岐を作ります。

　新しく作った敵に対しても、衝突判定を設定して、ぶつかったらゲームオーバーになるようにしましょう。これで、10秒後に動く敵が増えて、ゲームの難易度が上がりました。

ゲームの難易度を考えるのって楽しいね

敵の数が増えるとドキドキするね！

● 裏返して倍速にしよう

最後に隠し要素として、倍速モードを作ります。加速度センサーを使って、裏返されたときに、敵の移動速度と点数のカウントが倍になるようにしましょう。

まず、ゲームの待ち時間を制御するために、「待ち時間」という変数を作り、「1000」をセットしておきます。

次に、敵の移動処理にある「一時停止（ミリ秒）1000」を「待ち時間」で置き換えます。これで、「待ち時間」を変えることで、敵の移動速度と点数を制御することができるようになりました。

では、実際に裏返したときに待ち時間を変えてみましょう。「入力」→「ゆさぶられたとき」をワークスペースにドラッグ＆ドロップします。

次に、「▼」をクリックして、「画面が下になった」を選びます。

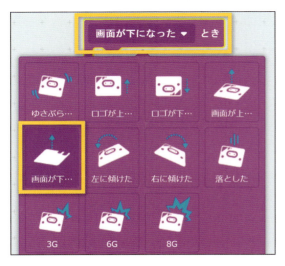

裏返したときに、待ち時間を半分の500に設定します。

これで裏返すことで、待ち時間が半分になり、敵の移動速度と点数のカウントが倍になりました。シミュレータでは裏返す動きは確認できないので、実際の動きは実機で確認してみましょう。

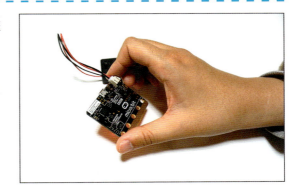

完成プログラムは
ダウンロード特典にあり

● 遊んでみよう！

それでは、実際にmicro:bitに保存して、遊んでみましょう。

時間が経つと、2匹目の敵が動き出すこと、裏返すことで速度が倍になることも確認しましょう。

敵をたくさん増やすには？

敵をたくさん増やしたい場合、毎回変数や衝突判定を作るのは大変です。6章で学ぶ配列を使うと、右のようにたくさんの敵を簡単に扱うことができるようになります。興味のある人はチャレンジしてみてください。

この章のまとめ

　この章では、micro:bitの傾きを利用してプレイヤーを操作し、ランダムに動く敵から逃げる「逃走ゲーム」を作りました。ゲームの状態を管理するフラグや、同じデータをまとめて処理する繰り返しを学びました。

ポイント

● フラグを使うことで、ゲームオーバーになった後は、スコアのカウントを止めるようにした。

● 加速度センサーを利用して、裏返すと敵の動きが倍速になる仕掛けを作った。

用語解説

ロール
X軸（左右方向）に対する傾きの角度です。軸に対して、ものを巻いていく方向のイメージです。右に傾く場合はプラスの数値（0から180°）で、左に傾く場合はマイナスの数字（0から－179°）になります。

ピッチ
Y軸（上下方向）に対する傾きの角度です。軸に対して、ものを持ち上げる方向のイメージです。上に傾く場合はマイナスの数値（0から－90°）で、下に傾く場合はプラスの数字（0から90°）になります。ロールと違って、90°を超えると数字が小さくなることに注意してください（裏返しにした場合は0°に戻る）

フラグ
スイッチのON/OFFのように2つの状態を切り替えるために使う特別な変数です。多くのゲームでイベントの進行状況を管理するために使われます。例えばRPG（ロールプレイングゲーム）で、「王様と会話したら、イベントが始まる」という処理を作るとします。この場合、王様と会話したときにフラグがONになるようにして、ONの場合だけイベントが発生させるようにします。

コラム5
MakeCodeと最大の数

● 最大の点数はいくつ？

5章では逃走し続ける限り点数が増えるゲームを作りましたが、点数は一体いくつまで増えるのでしょうか。

MakeCode上で取り扱うことができる数の上限は、元になっているJavaScriptというプログラミング言語の中で決まっています。

その上限は、約10の308乗です。これは、1の後に0が308個続くような膨大な数で、日常生活ではまず使うことはありません。

もし100年間逃げ続けたとしても、その時の点数は
60秒 × 60秒 × 24時間 × 365日 × 100年 = 3,153,600,000 点
で10桁ですから、上限には程遠いことが分かりますね。

$$\underbrace{10000000000\cdots\cdots0000000}_{308桁}$$

● 最大の数を超えるとどうなる？

MakeCodeで大きな数をブロックに入力しようとするとどうなるでしょう。試してみると、22桁を超えたあたりで、1e+21という見慣れない表示になります。

このeは指数（exponent）のことで、e+21は10の21乗（0が21個続く）ことを表現しています。

あれ？
なんか見慣れない
表示になった？

　先ほど、10の308乗がMakeCode上で取り扱うことができる数の上限と説明しましたが、これを超えたらどうなるでしょう？
　このように、最大の数に10をかけて表示してみましょう。

　すると、シミュレータでは数字の代わりにInfinityという文字が表示されます。これは無限大という意味で、これ以上大きな数は存在しないということを表しています。

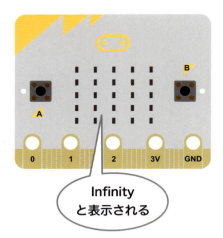

Infinityと表示される

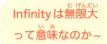

Infinityは無限大って意味なのか～

数に限りがないなんてなんだかふしぎだね

● 2038年問題

　2038年問題というものを聞いたことはあるでしょうか。これは、2038年1月19日3時14分7秒にコンピュータが誤作動する可能性があるというものです。
　コンピュータで時刻を表現するときに、1970年1月1日0時0分0秒から今までの経過時間を測ることで時刻を計算するUNIX時間が使われることがあります。この経過時間のカウントの上限が、古いコンピュータでは32bit（つまり2の32乗）で、その上限を迎えるのが2038年というわけです。
　今から20年近く先の話ですが、もしかしたら皆さんがこの問題に対処することになるかもしれませんね。

6

リズムゲームを作ろう

使う仕掛け
- ボタン
- 端子（音）
- 光センサー

難易度 ★★☆　所要時間：90分

流れてくる音スプライトに合わせてボタンを押すゲームです。タイミングよくボタンを押すと、音が鳴って得点が入ります。制限時間内にどれだけ多くの得点を取れるか競います。

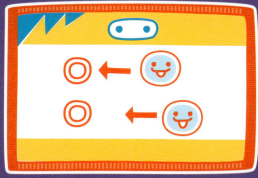

端子（音）
ボタンを押したときに色々な音を鳴らします。

操作キー

光センサー
明るさによって音楽のテンポを変えるために利用します。

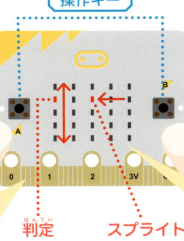

判定　スプライト

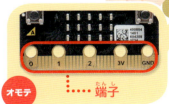
オモテ　端子

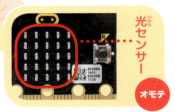
光センサー　オモテ

基本のプログラム

このゲームは大きく分けて3つの処理に分けることができます。

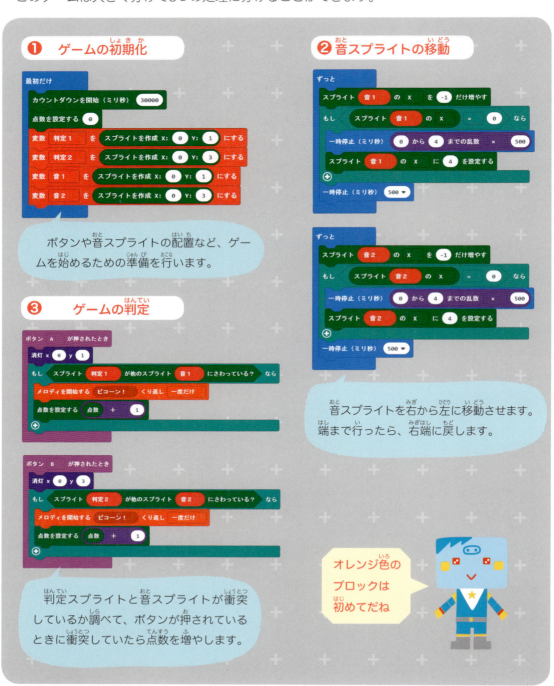

ゲームを作ろう

6 リズムゲームを作ろう

● ゲームの初期配置をしよう

まずは、判定スプライトと音スプライトを配置しましょう。判定スプライトは左端に2つ、音スプライトもボタンに重ねるように設置します。ツールボックスの「変数」→「変数を追加する」から、それぞれ「判定1」「判定2」「音1」「音2」という変数を作ります。それを、「ゲーム」→「スプライトを作成 X:2 Y:2」と組み合わせて、右のように「最初だけ」に連結します。

● 音スプライトを移動させよう

次に、音スプライトを右から左に移動するようにします。「ゲーム」→「スプライト sprite の X を 1 だけ増やす」を「ずっと」の中に連結して、変数を「音1」に、増やす量を1から−1に変更します。スピードを調整するために、「一時停止（ミリ秒）500」を入れておきましょう。

音スプライトが左端に到達したら、右端に戻します。「論理」→「もし〜なら」と「0 = 0」を組み合わせて、音スプライトのX座標が0だったら、4に設定します。

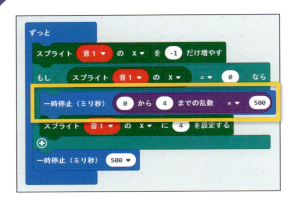

さらにゲームを面白くするために、音スプライトがランダムに出てくるようにしましょう。「一時停止（ミリ秒）100」、「計算」→「0～10の範囲の乱数」と「0×0」を組み合わせて、ランダムで0～2秒待ってから右端に戻すようにします。

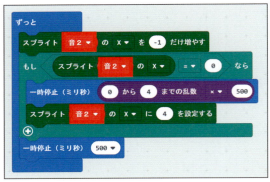

ここまでをシミュレータで確認します。上側の音スプライト（音1）が右から左に流れてくるようになりましたね。
同様に、下側のスプライト（音2）についても、複製して移動処理を作ります。これで、音スプライトの移動が完成しました。

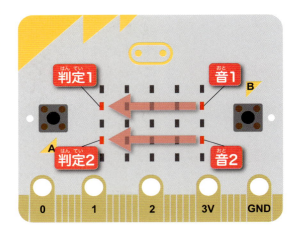

乱数を使って、音スプライトをランダムに出しているんだね

いつ、どっちの音が出てくるか分からなくてドキドキするね

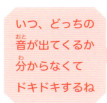

● ボタンを押したときに音を鳴らそう

　いよいよ、ゲームの判定部分を作っていきます。まずは、上側の音スプライト（音１）と判定スプライト（判定１）の衝突判定を作ります。「入力」→「ボタンAが押されたとき」、「論理」→「もし〜なら」、「ゲーム」→「スプライト sprite が他のスプライトにさわっている？」を画像のように組み合わせます。

　次に、音を鳴らす部分を作ります。「音楽」→「メロディを開始する ダダダム くり返し 一度だけ」を衝突判定の中に連結します。

　単純な音にしておきたいので、「ダダダム」を「ピコーン！」に変えておきます。これで、音が鳴るようになりました。

　さらに、ボタンが押されたことが視覚的に分かりやすいように、判定スクリプトを点滅させましょう。「LED」→「消灯 x 0 y 0」を「ボタン A が押されたとき」の直下に連結し、y座標を1にしておきます。

　続いて、下側の音スプライト「音２」と判定スプライト「判定２」についても同じ手順でブロックを配置しましょう。今度はボタンBを使います。音１、判定１のブロックを複製すると楽ですね。

　ここまでできたら、シミュレータで確認しましょう。タイミング良くボタンを押したときに音が鳴り、大分ゲームらしくなってきましたね。

● 点数、制限時間をつけよう

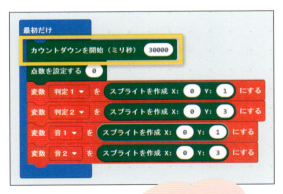

最後にゲームのルールに少し工夫をします。タイミング良くボタンが押せたら、点数が増えるようにしましょう。まずは、「ゲーム」→「点数を設定する 0」を「最初だけ」の中に連結します。

続いて、ボタンが押されて音が鳴ったときに点数が増えるようにします。アニメーションを発生させないように（5章で解説）、点数を増やすプログラムを左のように自作します。これで、点数が増えるようになりました。

次に制限時間をつけます。ゲームライブラリの中には制限時間を自動でカウントして、最後にゲームオーバーと点数の表示を行ってくれる便利なブロックがあります。

「ゲーム」→「カウントダウンを開始（ミリ秒）10000」を「最初だけ」に連結します。今回は制限時間を30秒（30000ミリ秒）としたいので、10000を30000に変えます。シミュレータで確認すると、開始時にアニメーションが流れて、30秒後にゲームオーバーになります。

その後、獲得した点数が表示されていることを確認しましょう。ここまでで、基本のプログラムが完成しました！

> 基本のプログラム完成！

> 1秒は1000ミリ秒のことだったね

● 遊んでみよう！

それでは、実際にmicro:bitに保存して遊んでみましょう。バングルモジュールを使う場合はそのままでも音が出ますが、ワニ口クリップとスピーカーを使う場合はmicro:bit本体との接続が必要です。1章を確認してください。

キミの好きな道具を使って音を出してみてね

カウントダウンがゲームライブラリになかったら？

今回は「カウントダウンを開始」というブロックを使いましたが、もしこれを自分で作ったらどうなるでしょうか？

最初のアニメーション部分は除いたとしても、カウントを覚えておく変数、毎秒のカウントダウン、カウントが0になったかどうかの判定が必要です。右図はサンプルのプログラムですが、ゲームライブラリを使うとたったの1ブロックで実現できてしまいます。本当に便利ですね。

ゲームを改良しよう

ここからは応用編です。基本のプログラムを改良して、もっと面白いゲームにしてみましょう。

● ボタンを押すたびに音を変えてみよう

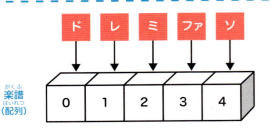

まずは、ボタンを押したときに「ドレミファソラシド」が順番に流れるようにしてみましょう。同じような変数をまとめて扱いたい場合には配列を使います。配列とは、たくさんのデータが入るケースのような変数のことです。

ここでは、配列を使って楽譜を表現します。「楽譜」という変数を作って、まずは、「高度なブロック」→「変数 配列 をこの要素の配列 1 2 にする」を「最初だけ」の一番下に連結します。変数の名前は「楽譜」にしておきます。

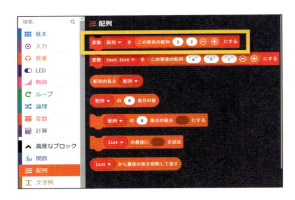

次に、「この要素の配列 1 2」の右にある＋マークをクリックします。すると、配列の要素を増やすことができます。

ここでは「ドレミファソラシド」の数だけ必要となるので、8個まで増やしましょう。

「－」をクリックすると、配列の要素を減らせるんだね

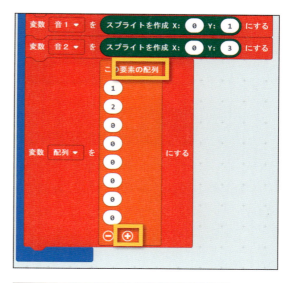

今度は音階を当てはめていきます。「音楽」→「真ん中のド」を連結しましょう。真ん中のドをクリックすると、ピアノの鍵盤が出てきて音が選択できるので、「真ん中のレ」から「上のド」まで選びます。

楽譜が完成したら、鳴らす音を指し示すための変数「楽譜の位置」を用意します。

続いて、音を鳴らす部分を変更します。「音楽」→「音を鳴らす 高さ 真ん中のド 長さ 1/2拍」を「メロディを開始する ピコーン くり返し 一度だけ」の代わりに連結します。

「高度なブロック」→「配列」→「配列の0番目の値」を「真ん中のド」の部分にドラッグ＆ドロップしましょう。変数は「楽譜」に変えて、0番目の部分には先ほど作った「楽譜の位置」を当てはめます。

このままだとボタンを押しても楽譜の位置（＝0）にある音、すなわち真ん中のドしか鳴りません。音が鳴るたびに「楽譜の位置」を増やしていきましょう。

ただし、「楽譜の位置」が上のドを越えた状態で音を鳴らそうとするとエラーになってしまいます。「高度なブロック」→「配列」→「配列の長さ」を使って楽譜の長さを調べて、「楽譜の位置」が「配列の長さ 楽譜」以上であったら、最初の位置（＝0）に戻します。

同様に、ボタンBについても、複製を使って変更していきます。これで、ボタンを押すたびに「ドレミファソラシド」が順番になるようになりました。

配列っていうケースの中に音を入れていくイメージだね

自分オリジナルの楽器を作るみたいで楽しいね！

● 明るさによって速さを変えよう

次は、光センサーを使って、音スプライトの流れる速さを変えてみましょう。まずは、明るさと流れる速さの関係を決めます。音楽の速さをはかる指標としてBPM（beat per minutes：1分間の拍数）を使用します。BPMという変数を作成し、「最初だけ」の先頭に組み合わせておきます。値には「入力」→「明るさ」を設定します。

続いて、光センサーの値をBPMに変換する方法を考えます。光センサーは0（最も暗い）から255（最も明るい）までの値を取ります。またBPMは120-240とします。この関係を表すと右のようになります。

	最小値	最大値
光センサー	0	255
BPM	120	240

この2つの関係を計算するのは少々面倒ですが、こんなときは数値のマップを使います。高度なブロック→「入出力端子」にある「数値をマップする 0」です。このブロックを使うと、2つの異なる範囲を持つ数値を変換することができます。このブロックを、「変数 BPMを 0 にする」の0の部分にはめ込みます。

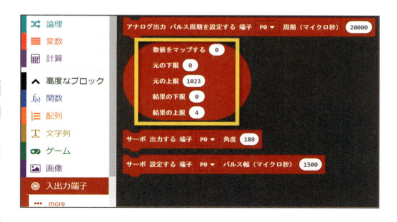

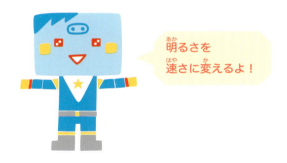

明るさを速さに変えるよ！

2018年12月の段階では、明るさの値は初回は必ず255になってしまいます。そのため、最初に明るさを取得しておき、100ミリ秒待ってから、再度明るさを調べることで、本来の明るさを調べることができます。

変換元には「入力」→「明るさ」、結果はBPMとなります。それぞれ、上の表に従って、下限、上限の値を以下のように設定しましょう。これで、明るさをBPMに変換することができました。

今度は、BPMから停止時間を計算してみましょう。BPMというのは1分間の拍数なので、60÷BPMで1拍が何秒かかるか計算できます。これを1000倍してミリ秒にすれば停止時間になります。「停止時間」という変数を作り、計算式をブロックで組み立てて、左のように下部に連結します。

音楽好きなら知ってるかも!?

明るさの取得は時間がかかるため、ゲームの開始と間隔を合わせるために、「一時停止（ミリ秒）1000」を初期化処理の最後に連結しておきます。

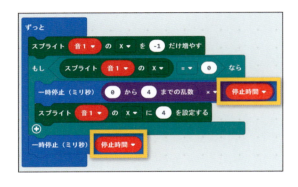

これで停止時間が明るさに応じて変化するようになりました。あとは、各箇所で利用している「一時停止（ミリ秒）」の数値を「停止時間」で置き換えれば完成です。

● 遊んでみよう！

それでは、実際にmicro:bitに保存して、遊んでみましょう。ライトの下や暗い部屋で遊ぶことで、光センサーの値を変えて、音スプライトの速さが変わることを確認しましょう。また、楽譜を変更して好きな曲にしてもいいかもしれません。

完成プログラムは
ダウンロード特典にあり

この章のまとめ

この章では、ボタンとmicro:bitの端子・スピーカーを使った「リズムゲーム」を作りました。ゲームライブラリのカウントダウンを使って制限時間とスコアをつけてみたり、光センサーを使ったりすることで音スプライトの流れる速さを調節しました。

ポイント

● 楽譜を表現するために、データの入れ物である配列について学んだ。

● 配列の中の位置をずらすことで音を変えたり、明るさによって停止時間を変える処理を別の「ずっと」を使って実現したり、といった応用テクニックを学んだ。

用語解説

配列
データをまとめて扱うことができる箱のような変数です。数字、文字、変数そのものなど色々なデータを入れておくことができます。配列は先頭が0番目から始まるので、データを取り出すときには注意しましょう。ゲームライブラリの中には、配列に入っている値を探したり、配列の中身を逆さまに並び変えたりするブロックもあります。

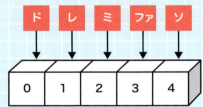

数値のマップ
ある範囲の数値を、別の範囲の数値に対応づけることです。あるデータの集まりを、他のデータの集まりと対応づけることをマッピング（mapping）と言います。

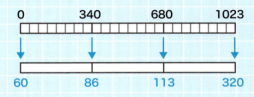

BPM
音楽のテンポをはかる指標となる数字で、1分間に刻む拍数を表します。目安として90以下だと遅めのテンポ、150以上だと速めのテンポです。

コラム6
デジタルとアナログ

● デジタルとアナログの違い

アナログとデジタルは、コンピューター上でデータを取り扱うときに重要となってくる考え方です。

身近な例だと、アナログ時計、デジタル時計という言い方を聞いたことはないでしょうか。アナログとデジタルの違いを簡単にいうと、つながっているか、途切れているか、です。アナログ時計は、針が文字盤の上を絶え間なく動くことで時間を表します。一方、デジタル時計はある瞬間を切り取ってデータに変換して時間を表しています。

● micro:bitでのアナログ・デジタル入力

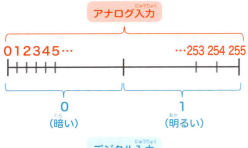

miro:bitにはセンサーがついていて、温度、明るさ、加速度などを検知できます。

例えば、明るさは0（暗い）から255（明るい）の連続した値をアナログ入力として検知することができます。これを、例えば、0-127は暗い、128-255は明るい、のようにデータを区切ってデジタルで扱うこともできます。

厳密にいえば、明るさを255段階に区切っている時点でデジタルなのですが、ここではアナログ・デジタルの考え方を説明するために分かりやすさを優先しています。

アナログ入力とデジタル入力の違いを表にまとめました。

	アナログ入力	デジタル入力
長所	値によって、細かい制御ができる	環境に左右されて処理が安定しないことがある
短所	値を区切るため、細かい制御はできない	環境に比較的左右されない処理を作れる

明るさの度合いを0〜255までの数値で表せるってことか

シューティングゲームを作ろう

7

難易度 ★★★　所要時間：120分

使う仕掛け
- ボタン
- 端子（音）
- タッチセンサー

プレイヤーを操作して、次々に出現する敵をビームで撃ち落としていくゲームです。一定数以上の敵を倒すとBGMが変わって、ボスが出現します。敵やボスがプレイヤーと同じ位置まで向かってくるとゲームオーバーです。タッチセンサーをさわることでゲームクリア後にリセットすることができます。

端子（音）
音を鳴らせます。この章では、敵を倒したとき、ボスのBGMなどで利用します。

操作キー

タッチセンサー
この章では、ゲームクリア後のリセットに使います。

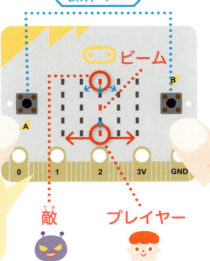

オモテ　端子

基本のプログラム

このゲームは大きく分けて5つの処理に分けることができます。

7 シューティングゲームを作ろう

❸ 敵の移動

```
ずっと
  スプライト 敵 の X を -1 から 1 までの乱数 だけ増やす
  スプライト 敵 の Y を 1 だけ増やす
  一時停止（ミリ秒） 1500
```

> 敵スプライトを上から下にランダムに移動させます。

❹ ビームの移動

```
ずっと
  もし ビーム発射 = 真 なら
    スプライト ビーム の Y を -1 だけ増やす
    一時停止（ミリ秒） 100
    もし スプライト ビーム の Y = 0 なら
      スプライト ビーム の X に スプライト プレイヤー の X を設定する
      スプライト ビーム の Y に 4 を設定する
      変数 ビーム発射 を 偽 にする
```

> プレイヤーがビームを発射していれば、ビームを上に向かって移動させます。

❺ プレイヤーの操作

```
ボタン A が押されたとき
  スプライト プレイヤー の X を -1 だけ増やす
  もし ビーム発射 = 偽 なら
    スプライト ビーム の X に スプライト プレイヤー の X を設定する
```

```
ボタン B が押されたとき
  スプライト プレイヤー の X を 1 だけ増やす
  もし ビーム発射 = 偽 なら
    スプライト ビーム の X に スプライト プレイヤー の X を設定する
```

```
ボタン A+B が押されたとき
  変数 ビーム発射 を 真 にする
```

> ABボタンで左右に移動します。A+Bの同時押しでビームを発射します。

93

ゲームを作ろう

● ゲームの初期配置をしよう

　まずは、プレイヤーと敵のスプライトを配置しましょう。「敵」「プレイヤー」という名前の変数を作り、「ゲーム」→「スプライトを作成」と組み合わせて、「最初だけ」に連結します。
　プレイヤーは座標2, 4に、敵は出現位置をランダムにしたいので、X座標には「計算」→「0から10までの乱数」を設定しましょう。乱数の上限は10から4に変えておきます。

● プレイヤー・敵を移動させよう

　次に、ボタンを押したときにプレイヤーが移動するようにします。3章・4章と同じなので詳細は省略しますが、画像のようにブロックを組み合わせてください。

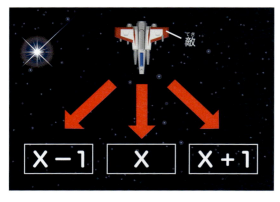

　続いて敵を移動させます。敵は左図のように左下、下、右下のいずれかにランダムで移動させたいので、X座標の計算には乱数を使います。

「ゲーム」→「スプライト sprite の X を 1 だけ増やす」と「計算」→「0 から 10 までの乱数」を組み合わせます。乱数の範囲は −1 から 1 までとします。Y 座標はそのまま 1 を足すだけです。敵の動きを調整するために、「一時停止（ミリ秒）1500」を追加しておきましょう。

ここまでをシミュレータで動かしてみると、敵の初期位置が上から 2 マス目になっています。「最初だけ」にも「一時停止（ミリ秒）1500」を加えましょう（4 章 44 ページ参照）。

敵が一番下（Y 座標 4）まで到達したら、音楽を鳴らして、ゲームオーバーにします。「基本」→「ずっと」、「論理」→「もし〜なら」、「0 = 0」、「ゲーム」→「スプライト sprite の X」を画像のように組み合わせます。

条件分岐の中には、「音楽」→「メロディを開始する パワーダウン くり返し 一度だけ」、「ゲーム」→「ゲームオーバー」を連結します。

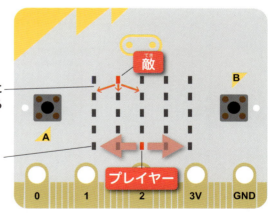

敵の動きがいい感じだね！

7 シューティングゲームを作ろう

● ボタンを押したときにビームを発射しよう

いよいよ、ビームを発射できるようにします。まずは、ビームがどのような性質を持っているか、整理してみましょう。下のようにまとめられるので、①から順番に作っていきます。

①発射（A+B）ボタンを押すと、プレイヤーの位置から真上に向けてビームを発射する

②敵に当たるか、画面の端に到達すると、次のビームが発射できる

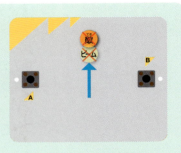

③敵に当たると消滅して、敵を倒すことができる

①真上にビームを発射する

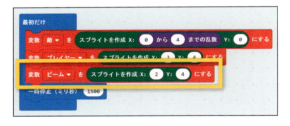

発射ボタンを押したとき、ビームはプレイヤーの位置から発射されます。つまり、ビームのスプライトは常にプレイヤーに重なっています。まずは、プレイヤーと同じ位置にビームのスプライトを配置しましょう。

プレイヤーが動くたびにビームも一緒に動かしましょう。「ゲーム」→「スプライトspriteのXに0を設定する」を使って、ボタンを押すたびにビームのX座標を、プレイヤーのX座標と同じ値にします。

7 シューティングゲームを作ろう

ボタンを押したらビームが発射される部分を作りましょう。ビームは発射中にだけ移動や衝突判定を行い、それ以外は発射準備完了としてプレイヤーに重ねて表示しておきます。どちらの状態なのかを区別しておくためにフラグを使います。フラグがないと、ボタンを押したかどうかに関わらず、発射され続けるビームになってしまいます。

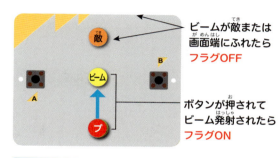

フラグONのとき
・ビームは上へ移動する
・敵または画面端にふれているかを常にチェック

フラグOFFのとき
・ビームはプレイヤーに重なって一緒に動いている

それでは、さっそくビーム発射フラグを作成しましょう。はじめはOFF（偽）にしておきます。フラグの詳しい説明については、5章も参考にしてください。

次にボタンA+Bが押されたら、「ビーム発射」をON（真）にします。

さらに「ビーム発射」がON（真）のときのみ、ビームのスプライトを上方向に移動するようにしましょう。「基本」→「ずっと」、「論理」→「もし～なら」、「変数」→「ビーム発射」、「ゲーム」→「スプライト spriteのXを1だけ増やす」を右のように組み合わせましょう。ビームの速さを調整するために、「一時停止（ミリ秒）100」も入れておきます。

②次のビームを発射する

これでビームを発射できるようになりました。ただ、ビームは1回しか発射できず、画面の一番上で止まってしまいます。ビームの性質②を作るために、ビームが一番上（Y座標が0）に到達したら、プレイヤーの座標に戻すようにしましょう。そのとき、ビーム発射のフラグも忘れずにOFF（偽）に戻しておきます。

97

さて、これでビームが連射できるようになりましたが、ビームを発射した直後にプレイヤーを左右に動かすとビームも一緒に動いてしまいます。「ビーム発射」フラグがOFFのときだけプレイヤーと一緒に動かすようにボタンAが押されたときの処理を書きかえます。ボタンBが押されたときも同様に対応します。

③当たると敵を倒す

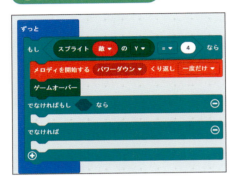

あとは、ビームの性質③であるビームと敵の衝突判定を作るだけです。「もし〜なら」の条件分岐を増やすためにゲームの判定処理の左下の＋マークをクリックしましょう。2回押すと、「でなければもし〜なら」という条件分岐が追加されます。

追加された「でなければもし〜なら」に、「ゲーム」→「スプライト spriteがほかのスプライトにさわっている？」を組み合わせて衝突判定を作ります。敵と衝突したら音を鳴らして、敵をまたランダムに出現させます。

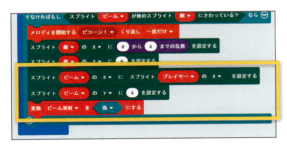

敵だけではなく、ビームももとに戻しましょう。先ほど画面の一番上にビームが到達したときと同じ処理を衝突判定の中にも加えます。これで、最初に整理したビームの性質をすべて実現することができました。

● 点数、ゲームクリアをつけよう

　最後に一定の敵を倒したらゲームクリアにしましょう。「ゲーム」→「点数を設定する 0」を「最初だけ」の中に連結して、点数を記録できるようにします。

① 次に、ビームと敵の衝突判定の中に、「ゲーム」→「点数を増やす 1」を入れて、敵の撃破数を点数として数えておきます。

② さらに、点数が5以上になったらゲームクリアにしましょう。条件分岐をさらに1つ増やし、「論理」→「もし～なら～でなければ」を用意します。今までのブロックは「でなければもし～なら」のほうに連結しなおします。

③ 「点数 ≧ 5」ならの条件分岐には、各種スプライト（プレイヤー、敵、ビーム）の削除と、BGM、文字の表示を連結します。BGMは「ウェディング・マーチ」を「バックグラウンドで一度だけ」、文字は「基本」→「文字列を表示 "HELLO"」を使い、「HELLO」の部分を「CLEAR!」に変えておきます。最終的には画像のようになります。ここまでで、基本的なゲームが完成しました！

● 遊んでみよう！

実際にmicro:bitに保存して遊んでみましょう。ビームを発射し、敵を5体倒すと、曲とともにCLEAR!の文字が表示されましたね。

メロディの鳴らし方

メロディを再生するときに、「一度だけ」「ずっと」「バックグラウンドで一度だけ」「バックグラウンドでずっと」という4つの鳴らし方があります。これはどのように違うのでしょうか。以下の表はそれぞれの関係をまとめたものです。

ならしかた	くり返し	別メロディ再生時	別メロディ再生時（バックグラウンド）
一度だけ	×	停止する	停止する
ずっと	○	停止する	停止する
バックグランドで一度だけ	×	裏で継続する	停止する
バックグラウンドでずっと	○	裏で継続する	停止する

これを見ると分かる通り、バックグランドで再生しているメロディは他のメロディが再生されても裏で再生が続いていて、他のメロディの再生が終わった後に再び聞こえるようになります。ただし、バックグラウンドで再生できるのは1メロディだけで、複数のメロディをバックグラウンドで再生しようとすると、後から再生されたメロディだけが残ります。

ゲームを改良しよう

ここからは応用編です。かなり難しいですが、チャレンジしてみましょう。基本のプログラムを改良して、もっと面白いゲームにしてみましょう。

● ボスを出現させよう

敵を一定の数倒したら、より強い敵として、ボスを出現させます。ボスは体力があり、5回ビームを当てないと倒せないようにします。最初に、ボスの出現を管理するフラグ「ボス登場」と、変数「ボスの体力」を用意しましょう。

ボス出現！

- 敵を5体倒したら ゲームクリアの代わりに ボス出現
- ボスに5回ビームを 当てるとゲームクリア

どんなボスにするか 考えてみるのも 楽しいね

それから、敵を5体倒したらゲームクリアの代わりに、ボスを出現させる準備をします。

- ●敵スプライトの削除
- ●ボスのスプライトを作成
- ●ボス用のBGMを鳴らす
- ●ボス登場フラグをON（真）にする

次に「ボス登場」フラグがON（真）のときの処理を作っていきます。まずは、移動処理に「論理」→「もし〜なら」に「ボス登場」フラグを組み合わせて、ボスが登場しているときだけ実行される条件分岐を作りましょう。

　条件分岐の中に、ボスの移動を定義します。ボスはランダムに進んできますが、ビームを5回当てないと倒せないので、その分動きはゆっくりにします。

　続いて、ゲームの判定の中にも同様にボスの処理を加えていきます。「ボス登場」フラグで条件分岐を作り、今までの処理を「でなければ」の中に移します。

　「もし」のほうには、さらにボスの体力 ≦ 0を条件にして、さらに条件分岐を作ります。

　「でなければ もし〜なら」のほうには、ボスとビームの衝突判定を作っていきます。衝突判定の中では衝突を知らせる音を鳴らして、「ボスの体力」を1減らしておきます。

　また、ビームが敵に当たったときと同じく、ボスに当たったときにもビームの座標をプレイヤーの位置に戻しておきます。「ビーム発射」フラグもOFF（偽）にします。

● ゲームクリア、ゲームオーバーを改良しよう

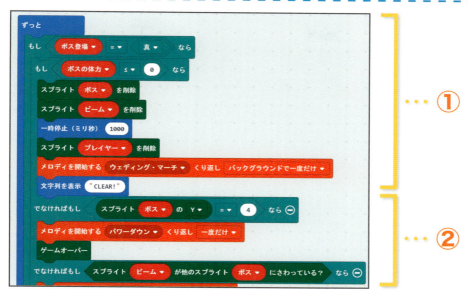

… ①

… ②

最後に、ボスが増えたことで、ゲームクリア、ゲームオーバーの条件を追加します。まずは、ボスの体力が0、すなわちボスを倒したときのゲームクリアの処理を作ります。

① ボス、ビームのスプライトを削除し、一時停止後にプレイヤーのスプライトを削除します。これは、ボスを倒してCLEARの文字が表示されるまでに演出として一呼吸おくためです。スプライトの削除が終わったら、好きなメロディを鳴らして、クリアメッセージを表示しましょう。

次に、ボスがプレイヤーの位置まで到達した場合にゲームオーバーにします。これは、敵のときと同じなので詳細は省きます。

② 「ボスの体力 ≦ 0」の条件分岐の左下にある＋マークをクリックして、「でなければもし～なら」の条件分岐を追加します。

追加した条件分岐に、画像のようにゲームオーバーとBGMを流すブロックを組み合わせます。これで、ボスの完成です。

やっぱりボスだから
怖くないとね

怖くするための
演出を考えるの
も楽しいね

● タッチセンサーでリセットしよう

最後に、タッチセンサーをさわることでゲームクリア後にリセットさせましょう。まずは、ゲームクリアの状態を表すフラグ「ゲームクリア」を用意し、初期化処理で「偽」をいれておきます。

次に、ゲームをクリアしたときに、このフラグを「真」にします。

最後に、「入力」→「端子 P2がタッチされたとき」をワークスペースにドラッグ＆ドロップして、「論理」→「もし～なら」と「ゲームクリア」フラグを組み合わせて条件分岐を作ります。処理の中には、「高度なブロック」→「制御」→「リセット」を連結します。

これで、ゲームクリア後にタッチセンサーに触れたら、ゲームがリセットできるようになりました。タッチセンサーを実機で触るときは、右手で端子GNDを触りながら、左手で端子P2を触りましょう。

● 遊んでみよう！

それでは、実際にmicro:bitに保存して、遊んでみましょう。実際に遊んだ経験をもとに、敵やボスの移動速度、ボスの体力などを調整して、ちょうどよい難易度にしてみましょう。

完成プログラムは
ダウンロード特典にあり

端子に
さわってみよう

この章のまとめ

ボタンを使って操作するシューティングゲームを作りました。ビームを発射したり、ボスが出てきたりするなど、今までのゲームよりも複雑で遊びごたえのあるゲームができました。また、ゲーム内でBGMを鳴らしたり、タッチセンサーを使ったゲームリセットを作りました。

ポイント

● この章は今までの章で出てきた色々な要素を組み合わせました。ビームの発射とボスの出現にはフラグと複数の条件分岐を組み合わせました。

● 1つ1つの処理はそこまで難しくないですが、ブロックの量が今までに比べてかなり多くなっているので、紙に書き出したり、こまめにシミュレータで確認したりして、1つずつ動きを理解していきましょう。

\ コラム7 /
関数でまとめよう

● 関数を使って同じ処理をまとめよう

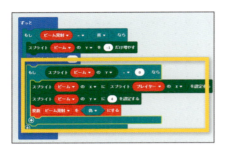

関数を使うと、同じブロックの組み合わせを1つにまとめられます。

このプログラムは、7章でビームが画面の端に到達したときの処理です。

これを関数にしてみましょう。「高度なブロック」→「関数」から「関数を作成する」をクリックしてください。

関数の名前を「ビームを初期化する」とし、作成されたブロックの中にまとめたい処理を連結しましょう。

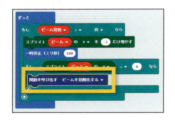

先ほどの関数のツールボックスをもう一度開くと、「関数を呼び出す ビームを初期化する」というブロックが追加されています。ビームが画面の端に到達したときの処理をこのブロックで置き換えましょう。ビームが敵やボスに当たるときも、このブロックを使えば同じ処理が簡単に実現できますね。

● 関数の本当の威力

プログラミングで一般的に使われる関数の機能は、ただ処理をまとめるだけではなく、関数に好きな値を入力して、その入力値によって処理を変えたり、出力をしたりすることができます。

ただし、残念ながら本書の執筆時点（2018年12月）では、MakeCode（ブロック版）の関数は値の入力・出力をサポートしていません。そのため、本コラムでは関数のごく一部の機能をご紹介しました。

8

使う仕掛け
・無線

無線を使って あそぼう

難易度 ★★★　　所要時間：90分

この章では、7章で作ったシューティングゲームを無線を使って改良し、2人対戦ができるようにします。もし、7章のゲームを作っていなければ、先にそちらを完成させましょう。基本編だけでOKです。

注意：無線を利用するにはmicro:bitが2台必要です。

無線

この章では、無線を使ってビームの位置や、ビームが当たったかどうかを送ります。

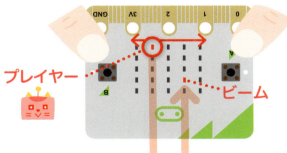

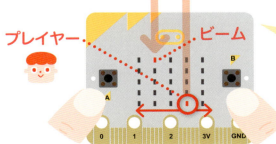

このゲームのプログラム

本章では7章のゲームに無線の処理を足していきますが、大きく分けて5つの処理に分けることができます。

8 無線を使ってあそぼう

❸ 無線の受信

```
無線で受信したとき receivedNumber
もし 値 ≤ 4 なら
    変数 相手ビーム を スプライトを作成 X: 値 Y: 0 にする
    変数 相手ビーム到達 を 真 にする
でなければもし 値 = 10 なら
    メロディを開始する ピュゥーン！ くり返し 一度だけ
    点数を増やす 1
でなければもし 値 = 20 なら
    メロディを開始する おそうしき くり返し 一度だけ
    ゲームオーバー
```

> 相手のビーム位置、ビームが当たったとき、ゲームオーバーの情報を無線で受信し、必要な処理を行います。

❹ ビームの移動

```
ずっと
    もし ビーム発射 = 真 なら
        スプライト ビーム の Y を -1 だけ増やす
        一時停止（ミリ秒）100
        もし スプライト ビーム の Y = 0 なら
            無線で数値を送信 スプライト ビーム の X
            スプライト ビーム の X に スプライト プレイヤー の X を設定する
            スプライト ビーム の Y に 4 を設定する
            変数 ビーム発射 を 偽 にする
```

```
ずっと
    もし 相手ビーム到達 = 真 なら
        スプライト 相手ビーム の Y を 1 だけ増やす
        一時停止（ミリ秒）100
        もし スプライト 相手ビーム の Y = 4 なら
            変数 相手ビーム到達 を 偽 にする
            スプライト 相手ビーム を削除
```

> 自分と相手のそれぞれのビームを移動させます。

❺ プレイヤーの操作

```
ボタン A が押されたとき
    スプライト プレイヤー の X を -1 だけ増やす
    もし ビーム発射 = 偽 なら
        スプライト ビーム の X に スプライト プレイヤー の X を設定する
```

```
ボタン B が押されたとき
    スプライト プレイヤー の X を 1 だけ増やす
    もし ビーム発射 = 偽 なら
        スプライト ビーム の X に スプライト プレイヤー の X を設定する
```

```
ボタン A+B が押されたとき
    変数 ビーム発射 を 真 にする
```

> ABボタンで左右に移動し、A+Bの同時押しでビームを発射します。

無線の基本

● 無線って何？

TV　　電話　　micro:bit

線がないから便利だけれど、通信距離が短く、ほかの無線に妨害されてしまうことも。

　無線とは正確には無線通信と言い、線を使わずに電波や光などを使って通信を行うことです。電波を使った無線通信には、テレビ、携帯電話、無線LANを使ったインターネット接続などがあります。micro:bitが採用しているBLE（Bluetooth Low Energy）も電波を使った無線通信の一種です。

　無線の長所は、線をつながなくてよいので、複数相手に一斉に情報を送信することです。しかしその反面、他の電波の影響を受けたり、通信距離が長くなると電波が弱くなってしまうという短所もあります。

● 無線を使うとできること

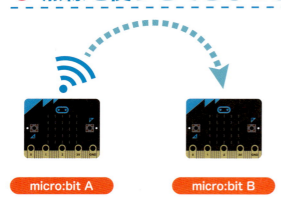

micro:bit A　　micro:bit B

2つのmicro:bitを離れて持っていても、片方の情報を無線経由でもう片方に送ることができる。

　無線を使うと、micro:bit間で通信を行うことができます。例えば、自分の携帯ゲーム機で同じゲームで対戦したり、ゲーム内のデータを友達と交換したりすることをmicro:bitで実現することができます。マリオカートやポケモンといったおなじみのゲームをイメージしてもらうと分かりやすいかもしれません。

まるでゲーム機みたいで楽しいね！

ゲームを対戦型にしよう

それでは、シューティングゲームを無線を使った対戦ゲームに変更します。以下のプログラムは、7章のシューティングゲームの基本編から敵に関するブロックを削除して、プレイヤーの移動とビーム発射だけが動くものです。このプログラムを基本として、対戦型にしていきましょう。

● ビームを相手の画面に送信しよう

無線を使って、ビームが画面を超えて移動するようにしてみましょう。まずは、シューティングゲームで使っている無線であることを宣言するために、無線グループを設定します。「無線」→「無線のグループを設定 1」を初期化処理の中に連結します。

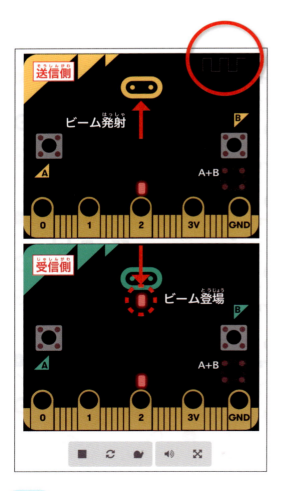

次に、ビームが画面上端（Y=0）に到達したときに無線を使ってビームのX座標を送ります。これでビームがどの位置で発射されたのかを受信側に伝えることができます。「無線」→「無線で数値を送信」に「ゲーム」→「スプライト sprite のX」を画像のように組み合わせましょう。

続いて受信側の処理です。無線で受信したビームのX座標を使って、それを対戦相手のビームとしてスプライトを作成します。「無線」→「無線を受信したとき receivedNumber」をワークスペースにドラッグ＆ドロップして、「相手ビーム」という変数名でスプライトを作成します。「receivedNumber」は、無線を送信するときに設定した数字を受け取るための特別な変数です。「recievedNumber」を分かりやすく「値」に変えておき、相手ビームを作成するときのX座標に「値」を使います。

ここまでをシミュレータで確認してみましょう。無線が発信されるとシミュレータの右上に凸凹の線が光り、受信した場合はシミュレータにmicro:bitがもう1つ追加されます。ビームを発射した後に、もう片方のmicro:bitの上部にスプライト（相手ビーム）が登場することを確認しましょう。

micro:bit 1が発射したビームが画面端まで行ったことを無線で伝えて、今度はmicro:bit 2がそのビームを表示させるんだね

このままでは相手ビームは動かないので、動かすための仕掛けを作りましょう。「相手ビーム到達」というフラグを作成します。

そして、作成したフラグを無線を受信したタイミングでON（真）にします。

相手ビーム到達フラグがON（真）のときのみ、相手ビームを動かすようにします。相手ビームは自分のビームと反対方向に動く（Yは1ずつ増える）ことに注意してください。

相手ビームが自分の画面の端（Y=4）に到達したら、相手ビーム到達のフラグをOFF（偽）にして、相手ビームのスプライトは削除します。これで、ビームを発射したときに画面を超えて、まるで相手がビームを発射してきているように見えます。シミュレータで動きを確認してみましょう。

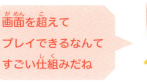
対戦型にすると友達同士で遊べて楽しいね

画面を超えてプレイできるなんてすごい仕組みだね

● 衝突判定を作ろう

さて、いよいよビームの衝突判定を作りましょう。相手ビームがプレイヤーに当たっているかどうかを判定するわけですが、ここで相手ビームが到達する前だと相手ビームのスプライトが存在しないのでエラーになってしまいます。そのため、相手ビーム到達のフラグがON（真）になっている状態で、相手ビームとプレイヤーの衝突を調べましょう。上図のような条件分岐を作ります。

衝突判定の中でやることは大きく2つあります。1つ目はプレイヤーがビームに当たったことを示すために、「音楽」→「音を鳴らす 高さ 下のド 長さ 1/2拍」で音を鳴らします。

2つ目は相手にビームが当たったことを伝えるために、「無線」→「無線で数値を送信 1」で無線を送ります。0-4の数字はすでにビームのX座標を送るのに使っているので、ここでは座標では使われない10を送ります。

そして、後処理として相手ビーム到達フラグをOFF（偽）にし、相手ビームのスプライトも削除します。

さらに、相手にビームが当たったことを受信した場合の処理を作ります。「無線で受信したとき」の中に連結されている処理を値によって条件分岐します。値が4以下のときは相手のビームが到達したときの処理、値が10のときは相手にビームが当たったときの処理です。

相手にビームが当たったら、「音楽」→「メロディを開始する ピコーン くりかえし 一度だけ」で音を鳴らし、「ゲーム」→「点数を増やす 1」で点数を増やします。

これで、ビームの衝突判定も完成しました。シミュレータだと音が同時に鳴ってしまうので確認が難しいですが、ビームが当たったときに両方の音が鳴っていることを確認しましょう。

● ゲームの勝敗を決めよう

最後に点数を使って勝敗を決めます。先に相手に5回ビームを当てた（＝5点先取した）ほうが勝ちです。ビームの衝突判定の条件分岐を以下のように増やし、点数 = 5を条件にします。ビームの衝突判定は「でなければ〜もし」の中へ移します。

点数が5点に達した場合は、スプライトの削除、勝利のBGMを「音楽」→「メロディを開始する ハッピーバースデー くり返しずっと」で鳴らし、「基本」→「文字列を表示」で「YOU WIN!」という文字列を表示します。「ループ」→「もし 真 ならくりかえし」を使うことで、ずっとメッセージを表示し続けることができます。

さらに、相手に自分が勝利したことを伝えるために、「無線」→「無線で数値を送信 1」で無線を送ります。ここでは、まだ使っていない数字である20を使います。

利用する値	相手に送信する情報	受信した値の使い道
0, 1, 2, 3, 4	ビームのX座標	相手ビーム初期化時のX座標
10	相手ビームが自分に当たったこと	特になし
20	自分がゲームに勝利したこと	特になし

敗北の処理を作るために、無線を受信したときの中の条件分岐を増やします。数が多くなってきたので、一度整理してみましょう。

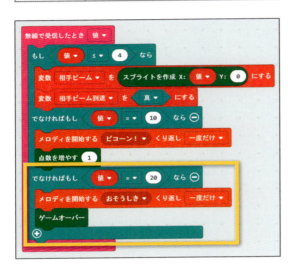

20を受信したということは相手がゲームに勝利した（＝自分がゲームに敗北した）ということなので、敗北時のBGMを流し、ゲームオーバーにします。これで、ゲームが完成しました。

相手に5回ビームを当てた人が勝ちだよ

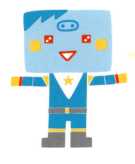

利用する値がたくさんになってきたから、上の表のように整理して考えるとわかりやすいよ

勝ったときと負けたときの演出を考えるのも楽しいね

● 遊んでみよう

早速、micro:bitの実機に保存して遊んでみましょう。同じプログラムの中で受信と送信を兼ねているので、2台のmicro:bitに同じプログラムを保存すれば、対戦することができます。

もし、うまく通信ができない場合は、以下のことを確認してみましょう。

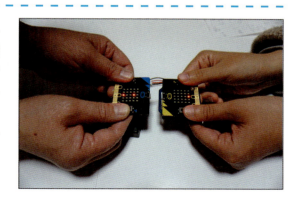

- 両方のmicro:bitに電源が供給されている
- 両方のmicro:bitに同じプログラムが保存されている
- 近くに無線を使う機器（Bluetoothのマウスやヘッドホン）が置かれていない

この章のまとめ

micro:bitで使える無線の基本的な機能について学びました。また、無線機能を使うことで、シューティングゲームを複数のmicro:bitを使って遊べるゲームに拡張しました。

ポイント

- 無線の基礎と、無線を使ってデータを送受信する方法を学んだ。
- 受け取った無線を使って条件分岐を行うことで、micro:bit同士で複数の情報を同時にやり取りする方法にも取り組んだ。

用語解説

無線グループ

micro:bitの無線にはグループというものがあります。micro:bitが複数あると、どのmicro:bitから発信された無線なのか分からなくなってしまいます。これを防ぐために、送信側・受信側の両方で無線グループを設定することで、同じグループから発信された無線のみを受信するようにできます。

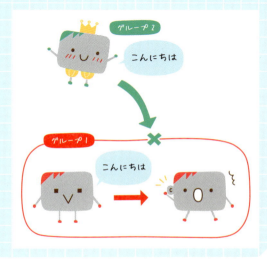

＼コラム8／
コメントをつけよう

● プログラムにメモを残そう

　ブロックやゲームのルールが複雑になってきたときに、メモを残しておきたいと思うことはないでしょうか？ MakeCodeのコメント機能を使うと、プログラムに対してかんたんにコメントを残すことができます。

　コメントを残したいブロック、またはワークスペースの好きなところで右クリックし、「コメントを追加する」を選んでみましょう。ブロックの色に応じたメモ用紙のようなものが出てきて、そこに好きなメモを書き加えることができます。

　コメントは上部の色がついている部分をドラッグ＆ドロップすることで好きな場所に移動できます。また、右下の端をドラッグ＆ドロップすることでサイズも自由に変えられます。

コメントを残しておけば、後から役に立つかも？

● どういう時に使う？

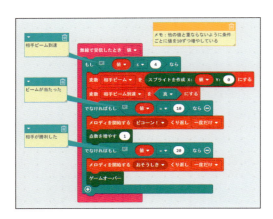

　コメントを使うのは主に2つの場面です。

● 複雑で分かりにくい処理に対して、そうなった背景や目的を書いておきたいとき
● 処理に何らかの問題があり、将来直す必要があることをメモしておきたいとき

　コメントは便利ですが、入れすぎると逆に処理が見辛くなってしまいます。コメントを入れるほど複雑な処理は、もっとかんたんな処理にできないかをを考えてみるのもよいでしょう。

9 ゲーム機を作ろう

使う仕掛け
・全部（今までの復習）

難易度 ★★★　所要時間：60分

今まで作った複数のゲームを1つのmicro:bitで遊ぶことができるゲーム機を作ります。最初はランダムでゲームが選ばれるようにします。改良編ではタイトル画面を作り、遊びたいゲームを選択できるようにします。

キャッチゲーム
シューティングゲーム
逃走ゲーム
リズムゲーム

しくみ

ランダムに0か1かが選ばれ、それによってミニアクションゲームかキャッチゲームのどちらかが開始されるようにします。

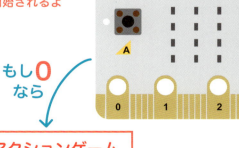

もし0なら → ミニアクションゲーム開始

もし1なら → キャッチゲーム開始

基本のプログラム

　本章で作るゲームは、大きく分けて4つの処理に分けることができます。それぞれの処理は条件分岐で、ゲームごとの処理が行われます。このプログラムでは、❶の部分がミニアクションゲーム、❷の部分がキャッチゲームの処理です。

9 ゲーム機を作ろう

❸ スプライトの移動

```
ずっと
  もし  遊ぶゲーム  =  0  なら
    スプライト  敵  を  1  ドット進める
    スプライト  敵  が端にあれば反射させる
    一時停止（ミリ秒）  500                          ❶
  でなければもし  遊ぶゲーム  =  1  なら ⊖
    スプライト  りんご  の  Y  を  1  だけ増やす
    一時停止（ミリ秒）  1000
    もし  スプライト  りんご  の  Y  =  4  なら      ❷
      スプライト  りんご  の  X  に  0  から  4  までの乱数  を設定する
      スプライト  りんご  の  Y  に  0  を設定する
  ⊕
⊕
```

> 選択したゲームにあわせて、登場するプレイヤー以外のスプライトを移動させます。

❹ プレイヤーの操作

```
ボタン  A  が押されたとき
  もし  遊ぶゲーム  =  0  なら
    スプライト  プレイヤー  の  X  を  -1  だけ増やす     ❶
  でなければもし  遊ぶゲーム  =  1  なら ⊖
    スプライト  キャッチャー  の  X  を  -1  だけ増やす   ❷
⊕
```

```
ボタン  B  が押されたとき
  もし  遊ぶゲーム  =  0  なら
    スプライト  プレイヤー  の  X  を  1  だけ増やす      ❶
  でなければもし  遊ぶゲーム  =  1  なら ⊖
    スプライト  キャッチャー  の  X  を  1  だけ増やす    ❷
⊕
```

> 選択したゲームにあわせて、プレイヤーを操作します。

```
ボタン  A+B  が押されたとき
  もし  遊ぶゲーム  =  0  なら
    スプライト  プレイヤー  の  Y  を  1  だけ増やす      ❶
  でなければもし  遊ぶゲーム  =  1  なら ⊖
    一時停止
    数を表示  点数                                        ❷
    再開する
⊕
```

ゲームを作ろう

● 遊ぶゲームを選ぼう

まずは、「最初だけ」の中に遊ぶゲームを保存しておく変数「遊ぶゲーム」を作り、遊ぶゲームによって処理が変わる条件分岐を作ります。遊ぶゲームが0ならミニアクションゲームの初期化処理、遊ぶゲームが1ならキャッチゲームの初期化処理を行います。

これは、最初に説明した大きな4つの処理（ゲームの初期化、ゲームの判定、スプライトの移動、プレイヤーの操作）すべてに共通する条件分岐なので、よく覚えておきましょう。

● ミニアクションゲームをプレイできるようにしよう

それでは、実際に「ミニアクションゲーム」の処理を作っていきます。ブロックについての詳細な解説は3章をご覧ください。まずは、初期化処理を作ります。

続いて、ゲームの判定処理を作ります。

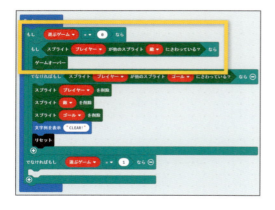

3章の復習だね

さらに、敵の移動部分を作ります。

最後に、プレイヤー操作の部分を作ります。A、B、A+Bボタンそれぞれが押されたときの処理を追加します。

これで、ミニアクションゲームを遊べるようになりました。シミュレータで3章と同じミニアクションゲームが遊べるかを確認してみましょう。

ミニアクションゲーム完成！

● キャッチゲームをプレイできるようにしよう

今度は、ゲーム機で遊べるもう1つのゲームとして「キャッチゲーム」の処理を、遊ぶゲームが1の条件分岐の中に作っていきます。ブロックについての詳細な解説は4章をご覧ください。まずは、初期化処理を作ります。

続いて、ゲームの判定処理を作ります。

さらに、りんごの移動部分を作ります。

4章の復習だね

最後に、キャッチャー操作の部分を作ります。

これで、キャッチゲームを遊べるようになりました。最初だけの中にある遊びゲームの初期化で1を設定すれば、キャッチゲームを遊ぶことができます。こちらも、4章で作ったものと同じように遊べるか確認しておきましょう。

キャッチゲーム完成！

● 遊ぶゲームをランダムに選択しよう

最後に、遊ぶゲームに乱数を使うことで、毎回遊べるゲームをランダムに決めるようにします。「計算」→「0～4の範囲の乱数」を入れます。今回は2つをランダムに選ばせるので、乱数の範囲は0～1にしておきましょう。これで、簡易ゲーム機の完成です。

基本のプログラム完成！

● 遊んでみよう！

それでは、実際にmicro:bitの実機にダウンロードして遊んでみましょう。遊ぶたびに「ミニアクションゲーム」「キャッチゲーム」のどちらが選ばれます。

ゲームを改良しよう

● タイトル画面をつけよう

ここでは、ゲーム機にタイトル画面をつけて、自分で遊びたいゲームを選択できるようにしていきます。まずは、タイトル画面かどうかを判定するフラグを作り、遊ぶゲームは0に設定しておきます。

基本編では、この直後に各ゲームの初期化処理を行っていましたが、今回は、どのゲームが選択されるか分からないので、この時点で初期化ができません。初期化処理のブロックは後で使うので、取り外して避けておきましょう。

次にゲームの各処理（ゲームの判定、スプライトの移動、プレイヤー操作）に条件分岐を加えます。まずは、スプライトの移動からです。

タイトル画面にいる間は、スプライトが勝手に動いてほしくありません。そこで、「もし〜タイトル画面＝真 なら」という条件分岐を作り、今までの各ゲームのスプライトの移動処理は、「でなければ」のほうに移動しましょう。

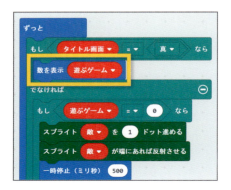

逆にタイトル画面では、今選択しているゲーム番号を表示したいので、「数を表示 遊ぶゲーム」で表示させるようにします。

126

続いて、プレイヤーの操作をタイトル画面に対応させましょう。スプライトの移動と同様に「もし〜タイトル画面 = 真なら」という条件分岐を作り、各ゲームの移動処理を「でなければ」のほうに移動します。

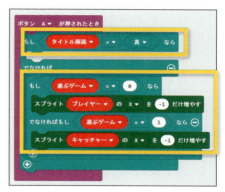

タイトル画面でA/Bボタンが押された場合は、遊ぶゲームを変更できるようにします。Aボタンでミニアクションゲーム、Bボタンでキャッチゲームです。

AボタンとBボタンでゲームを選べるようにするんだね

ミニアクションゲーム
（遊ぶゲーム＝0）

キャッチゲーム
（遊ぶゲーム＝1）

A+Bボタンが押されたら、選ばれているゲームを開始するようにします。今までと同様に、「もし～タイトル画面 = 真 なら」という条件分岐を作り、今までの各ゲームのプレイヤーの移動処理は、「でなければ」のほうに移動します。

　そして、「タイトル画面=真」のほうに、最初に退避させておいた各ゲームの初期化処理をここに連結します。ゲームが開始した後は、各ゲームの処理が実行してほしいので、「タイトル画面」フラグを偽に変えておきましょう。

　最後にゲームの判定処理ですが、タイトル画面ではゲームの判定は行わないので、「もし～タイトル画面 = 偽なら」という条件分岐を作り、今までのゲーム判定をそちらに移動します。これで、タイトル画面が完成しました。

完成プログラムは
ダウンロード特典にあり

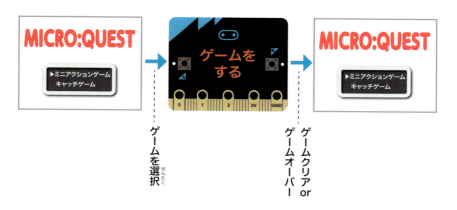

ゲーム全体の流れは左のようなイメージです。

● 遊んでみよう

早速、micro:bitの実機に保存して遊んでみましょう。タイトル画面で選択したゲームを遊ぶことができることと、ゲームクリアまたはゲームオーバーになったら、またタイトル画面に戻ることを確認しましょう。

micro:bitが
ゲーム機みたいに
なったね！

次のページでは
よりゲーム機っぽく
デコレーション
してみよう

この章のまとめ

今までに作ってきたゲームを一度に遊べるゲーム機を作りました。本章では2つのゲームしか遊べませんが、条件分岐を増やすことでかんたんにゲームの数を増やすこともできます。また、遊びたいゲームを選択するためのタイトル画面も作成しました。

ポイント

● 条件分岐とフラグを活用することで、タイトル画面を作成した。

ゲーム機を作ろう！

micro:bitをゲーム機風に工作してみましょう。紹介する作例では「micro:bit用バングルモジュールキット」を使っていますが、使わない場合の工作方法も併せて紹介するので参考にしてください。

用意するもの
・厚手の紙
・色画用紙
・はさみ、のり
　　　　　　など

① 厚手の紙をカット

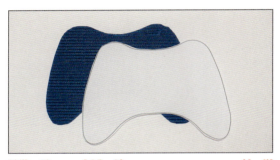

型紙を使って、厚手の紙をゲームコントローラー風の形に切り抜く。

micro:bitを上に載せられて、手でつかみやすいくらいのサイズにカットしましょう。形は、家にあるゲームコントローラーなどを参考にするとよいでしょう。また、本書のダウンロード特典には型紙が入っています。これを印刷して切り抜き、厚紙にあてて切り抜くと工作例と同じ形になります。

② micro:bitをバングルで固定

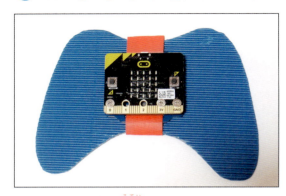

micro:bitをバングルで固定する。

ベルト部分を巻いて、micro:bitを切った厚紙に固定しましょう。ベルト部分は黒いベルトのままでもいいですが、写真の作例では同じ太さに切った赤い色画用紙をベルト代わりに使っています。裏側はテープで貼り合わせています。

バングルモジュールを使っていない場合でも、輪ゴムを2本使えばmicro:bitをうまく固定することができます。

③ 両側のスペースに飾り付け

　紙を切るなど、好きな素材を使って十字キーやボタンを作って貼りつけましょう。洋服のボタンやアイロンビーズなどを使うともっと楽しいですね。

十字キーとボタンを作って貼る。写真では十字キーにアイロンビーズを使用。

④ オリジナルゲーム機完成！

　これで完成です。実際にゲームをプレイしてみましょう。

完成！

いろいろな素材で試してみよう！

　アイロンビーズやお菓子の箱などを使って、自分オリジナルのゲーム機を工作しよう！

◀アイロンビーズで作ってみた例。

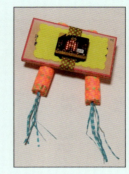

◀チョコレートの箱で作ってみた例。

\ コラム9 /
ブロックエディターの裏側

● 作ったプログラムが実行されるまで

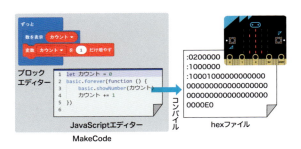

私たちがブロックで作ったプログラムは、実際どのようにmicro:bitで実行されるのでしょうか。実は、MakeCode上のブロックエディタで組み立てられた処理は、裏側でJavaScriptというプログラミング言語に置き換えられています。

JavaScriptで記述されたプログラムは、ダウンロードボタンを押したときに、MakeCodeによってmicro:bitが実行できるhexファイルに変換（コンパイル）されます。

● ブロックエディターとJavaScriptエディター

MakeCode上でJavaScriptエディターに切り替えることで、ブロックの裏側の処理を見ることができます。まずは、適当な処理をブロックで作り、次にメニューにある {} JavaScript という項目をクリックしてみましょう。するとワークスペースが切り替わり、何やら見慣れない文字列が出てきます。

```
1  let カウント = 0
2  basic.forever(function () {
3      basic.showNumber(カウント)
4      カウント += 1
5  })
6
```

これが、JavaScriptによって書かれたブロックの本当の姿です。この本はプログラミングの初学者を想定しているため、JavaScriptの詳細については触れませんが、JavaScriptは世界中でWebアプリケーションの開発に使われているプログラミング言語です。JavaScriptを使うことで、ブロックエディターだけでは実現できない本格的なプログラミングができるようになります。

付録：MakeCode 最新リリースの変更点

2018年10月26日に MakeCode の新バージョン（以下v1）がリリースされました。本書はこのv1をもとにしていますが、旧バージョン（以下v0）からの主な変更点や新機能についてまとめました[※]。

● ブロックの色・見た目の変更

v1では、ブロックの色や見た目に大きな変更が加えられました。
- 色が明るめに変更された
- タッチスクリーンでの操作がしやすいように、ブロックが全般的に大きくなった
- データの種類によってブロックの形が変わった（数字・文字は楕円、真偽値は六角形など）

● 変数の作り方の統一

v0では、変数を作る方法が以下の2つありましたが、v1では、変数の作成が前者に統一されてよりシンプルになりました。
- 「変数を追加する」をクリックして、新しい名前で作る
- 「変数 変数を0にする」を使って、後から「変数」を好きな名前に変更する

● 条件分岐、配列要素の追加・削除の簡素化

v0では、条件分岐や配列の要素を追加・削除したいときに「ネジマーク」をクリックし、ポップアップで操作が必要でしたが、v1では、「＋マーク」「－マーク」でこの操作がとても簡単になりました。

● 計算機能の強化

v1では、「計算」にいくつかの新しいブロックが追加されています。最も大きな変更として、小数がサポートされるようになりました（今までは切り捨てでした）。また、それに伴い平方根、四捨五入などのブロックが追加となりました。また、地味にうれしい変更として、乱数の下限が自由に設定できるようになりました。

● リセット（シミュレータ上）のサポート

v0では、「リセット」を使うとシミュレータがエラーになっていましたが、v1ではサポートされるようになりました

※ https://makecode.com/blog/microbit/v1-release-date

おわりに

　ソフトウェアエンジニアとして日々仕事をしていて最も達成感を感じるのは、自分が作ったソフトウェアやサービスが多くの人に使われ、感謝されることです。ゲームは子どもでも手軽に自分のアイデアを形にできる格好の題材です。micro:bitを使うことで、自分の作ったゲームを簡単に身近な人に遊んでもらうことができます。そこで得られた感想は、どうすればさらによいもの、面白いものができるか、という試行錯誤をするモチベーションにつながります。

　この本をきっかけに、一人でも多くの人が「自分の作ったものを、人に使ってもらえる喜び」というプログラミングの醍醐味を味わい、より本格的なゲームプログラミングやソフトウェア開発に興味を持ってもらえれば嬉しいです。

（橋山 牧人）

　この本は、「生徒がいなければ、この世に存在しなかった本」。私が生徒とmicro:bitでゲームを作ったときのワクワクを多くの子どもたちに届けたくて生まれた本です。ゲームは遊び、と否定的に捉えられがちですが、私は「好き」いう気持ちは大人がどう頑張っても教えられない子どもの最大の才能で、好きなゲーム作りを通じ子どもたちに様々なことを自発的に学んでいってほしいと願っています。

　しかし全国津津浦々で24時間365日教えることも叶わず……。そこで、教室での経験を多くの人に伝えられるようにと本にしました。いつも私に講師でいるための∞の力をくれる生徒とコンピューターが大好きなすべての子どもたちに感謝をこめて。

（澤田 千代子）

そもそもの企画のきっかけとなったTENTO新宿の黒澤くん。
書籍の内容を改善するためのワークショップに協力してくれた瀬藤家のみなさま。
表紙のかわいいゲーム機の工作を担当してくれた石井モルナさん。
監修を担当してくれたTENTOの後藤さん。
常にサポートしてくれた翔泳社編集の榎さん。
この本は多くの人々に支えられた本です。みなさま、本当にありがとうございました！

著者・監修者プロフィール

橋山 牧人 [著者]

慶応義塾大学大学院政策・メディア研究科卒。楽天にエンジニアとして入社し、Software Engineering Manager/Tech Lead として楽天市場の開発・運用に従事。本業の傍ら、2018年より株式会社TENTOにて週末に子供たちにプログラミングを教えている。二人の娘にコンピューターに興味をもってもらうべく、一緒にマインクラフトをプレイしようとするも、本人は3D酔いで30分以上連続してプレイできないのが目下の悩み。

澤田 千代子 [著者]

上智大学卒。日本IBMに入社し、企業研修部門にてJava講師などをつとめた後、外資ベンダー等でSE・研究開発などに従事。その後、フリーに転身。子供向けプログラミングスクールの立ち上げ・運営等に関わり、2018年10月に川崎にてFC∞KIDs（ https://fckids.org/ ）を開講。慶応義塾大学SFC研究所所員。最近、「趣味IT・特技IT」から「趣味授業・特技授業」に移行しつつある！？

TENTO [監修者]

子ども向けプログラミングスクールの草分けとして2011年に創設。異学年・異スキルの子どもが混在して学習を行う寺子屋方式を実践。子どもがプログラミングを自ら学ぶためにはどうしたらよいのか、教材・環境・ファシリテーション手法などを日々研究している。

http://www.tento-net.com/

スイッチエデュケーション

スイッチエデュケーションはすべての子どもに「作ることを通した教育、学び」を実践することを目的に活動している会社です。動くものを作るために必要な基板や部品、カリキュラムを作っています。micro:bitの日本での販売代理店として、micro:bitでラジコンカーが作れるキットやmicro:bitを時計のようにかっこよく身に着けられるモジュールなど、micro:bitにつないでものを作るための部品をつくっています。ぜひスイッチエデュケーションのサイトをのぞいてみてください。

https://switch-education.com/

カバー・誌面デザイン／イラスト　　加藤 陽子
DTP　　　　　徳永 裕美（ISSHIKI）
工作制作　　　石井 モルナ
協力　　　　　㈱スイッチエデュケーション
編集　　　　　榎 かおり

親子で一緒につくろう！
micro:bitゲームプログラミング
マイクロビット

2019年1月15日　初版第1刷発行

著者　　　橋山 牧人（はしやま まきと）
　　　　　澤田 千代子（さわだ ちよこ）
監修者　　TENTO（テント）
発行人　　佐々木 幹夫
発行所　　株式会社 翔泳社（https://www.shoeisha.co.jp/）
印刷・製本　株式会社シナノ

©2019 Makito Hashiyama, Chiyoko Sawada

※本書は著作権法上の保護を受けています。本書の一部または全部について（ソフトウェアおよびプログラムを含む）、
　株式会社翔泳社から文書による許諾を得ずに、いかなる方法においても無断で複写、複製することは禁じられて
　います。
※本書へのお問い合わせについては、2ページに記載の内容をお読みください。
※落丁・乱丁はお取り替えいたします。03-5362-3705までご連絡ください。

ISBN978-4-7981-5843-3　Printed in Japan